DEUTSCHE SPORTWAGEN

Die schönsten Modelle seit 1945

JOACHIM HACK

DEUTSCHE SPORT WAGEN

Die schönsten Modelle seit 1945

HEEL

HEEL Verlag GmbH
Gut Pottscheidt
53639 Königswinter
Telefon 0 22 23 / 92 30-0
Telefax 0 22 23 / 92 30 26
Mail: info@heel-verlag.de
Internet: www.heel-verlag.de

Verantwortlich für den Inhalt:
Joachim Hack

Lektorat:
Joachim Hack

Lithographie, Satz und Gestaltung:
Ralf Kolmsee
F5 Mediengestaltung
Königswinter

Printed in Italy

ISBN: 978-3-86852-474-1

Deutsche Sportwagen – Sportwagen aus Deutschland: Bis auf einige wenige Ikonen der Automobilhistorie wie dem Mercedes-Benz 300 SL, dem BMW 507 oder die Marke Porsche mit ihren Produkten war die Gattung Sportwagen hierzulande traditionell eher unterrepräsentiert. Man vergleiche die hiesige Szenerie der letzten 50 Jahre nur einmal mit jener in Großbritannien und Italien, wo es nur so vor faszinierenden Sportwagen jedes denkbaren Zuschnitts wimmelte.

Andererseits – Sportwagen sind Luxusgüter, Nischenfahrzeuge, die nur einem Zweck dienen sollen: Fahrspaß zu vermitteln. Nicht gerade ein Anspruch, den jeder Autofahrer oder jede Autofahrerin hat oder der im grauen Alltag zählt. Da geht es mehr um handfeste Dinge wie Zuverlässigkeit, Praxistauglichkeit, Qualität und vor allem die Befriedigung des simplen Transportbedürfnisses. Die weltweit führende Position der deutschen Autoindustrie wäre nicht zustande gekommen, wenn ihre Produkte nicht in erster Linie diese Anforderungen besser erfüllen würden als die der ausländischen Konkurrenz. Der Bau von Sportwagen scheint also nicht besonders wichtig für die Entwicklung und das Gedeihen der Automobilindustrie als solcher zu sein.

Bleibt also die Frage, was denn nun einen Sportwagen überhaupt ausmacht. Eine verbindliche Definition ist schwieriger denn je. Früher war die Automobilwelt klarer geglie-

dert als heute. Da gab es keine viertürigen Limousinen oder Kombis, die wie heute mit fast 600 PS unglaubliche Beschleunigungswerte und Geschwindigkeiten jenseits der 300-km/h-Marke erreichten. Werte, die solche Fahrzeuge fraglos in die Welt der Sportwagen katapultieren. Noch in den siebziger Jahren des letzten Jahrhunderts hätte man die damals erhältlichen Vier- und Fünftürer bis auf wenige Ausnahmen hier nicht einsortieren können. Fest steht jedoch, dass die reinen Fahrleistungswerte ein wichtiges Kriterium waren und sind, aber beileibe nicht das wichtigste. Auch die Bauart verrät den Sportwagen: alle Coupés und alle Cabriolets, Roadster und Spider fallen quasi automatisch in diese Kategorie, weil sie mehr und anderes bieten als die bloße Erfüllung einer Transportaufgabe.

Die Grenzen zwischen den einzelnen Fahrzeuggattungen sind inzwischen fließend geworden, wie etwa ein BMW X6 M beispielhaft vorführt: ein fünftüriger geländegängiger SUV mit Coupédach und Sportwagenfahrleistungen. Für das vorliegende Buch bedeutete das, die Dinge nicht so eng zu sehen. In ihm findet sich eine breite Auswahl von offenen und geschlossenen Automobilen aus den letzten 50 Jahren, von Zwei- und von Vier- und Fünftürern, von eher bedächtigen und von Hochleistungsfahrzeugen, die alle auf die eine oder andere Art die Bezeichnung Sportwagen verdienen und die Automobilwelt von Deutschland aus bereichert haben.

Viel Spaß beim Schmökern!

ALPINA

KF - Z 323
ALPINA

Baujahr	2007-2010
Motor-Bauart	V8
Hubraum (cm³)	4398
Leistung (PS/U/min)	530 bei 5500
Vmax in (km/h)	313 bis 317
Bauart	Limousine (4-türig), Kombi

Alpina B5 S (E60)

Als traditioneller Haus-und-Hof-Tuner von BMW mit eigenem Markenstatus besitzt Alpina höchstes Renommee. Ziel aller Aktivitäten ist, die sportlichen Anlagen der Münchner Automobile weiter zu schärfen, ohne praktischen Nutzwert und Alltagtauglichkeit zu verschlechtern. Der B5 S war ein perfektes Beispiel für diese Philosophie. Sein 4,4-Liter-V8 zeigt sich auf 530 PS leistungsgesteigert, was ein überlegenes Fahrleistungspotenzial garantiert. Von außen sind die Alpina-Fahrzeuge wegen ihres besonders dezenten Auftritts kaum zu erkennen.

Alpina D3 Biturbo

Nicht nur im Bereich der Ottomotoren engagiert sich Alpina, auch die Fahrzeuge mit verbrauchsgünstigem Dieseltriebwerk bekommen eine nachhaltige Kraftspritze verpasst. Mit 214 PS aus dem Zweiliter-Vierzylinder, gigantischen Drehmomentwerten und fast 250 km/h Höchstgeschwindigkeit wird aus dem 3er BMW mit Dieselmotor ein ernsthafter Sportwagen. Wie bei allen seinen Autos verzichtet Alpina auch hier auf vordergründige optische Effekte seiner Arbeit und beschränkt sich auf das technisch Notwendige.

Baujahr	seit 2009
Motor-Bauart	Vierzylinder (Reihe)
Hubraum (cm³)	1995
Leistung (PS/U/min)	214 bei 4100
Vmax in (km/h)	241 bis 244
Bauart	Limousine (4-türig), Coupé, Cabrio, Kombi

Alpina B3 S Biturbo

Als wahrer Wolf im Schafspelz präsentiert sich der B3 Biturbo auf Basis des 3ers mit Dreiliter-Sechszylindermotor. Mithilfe klassischer Tuningmethoden bringt Alpina dieses Triebwerk auf 360 PS und verleiht dem kompakten Wagen herausragende Fahrleistungen ohne sich die Gewichts- und Verbrauchsnachteile eines voluminösen Achtzylinders einzuhandeln. Mit einer Höchstgeschwindigkeit von über 280 km/h – Alpina hebt die werkseitige elektronische Begrenzung der Höchstgeschwindigkeit auf 250 km/h auf – zählt der auch mit Allradantrieb lieferbare B3 Biturbo fraglos zu den ganz Schnellen im Lande.

Baujahr	seit 2009
Motor-Bauart	Sechszylinder (Reihe)
Hubraum (cm³)	2979
Leistung (PS/U/min)	360 bei 5500
Vmax in (km/h)	278 bis 285
Bauart	Limousine (4-türig), Coupé, Cabrio, Kombi

Baujahr	seit 2009
Motor-Bauart	V8
Hubraum (cm³)	4385
Leistung (PS/U/min)	507 bei 5500
Vmax in (km/h)	290
Bauart	Limousine (4-türig), Kombi

Alpina B5 Biturbo

Auf Basis der aktuellen 5er-Baureihe von BMW zeigt der B5 Biturbo bestes Alpina-Know-how. Der 4,4 Liter große V8 wird mit Hilfe zweier spezieller Turbolader auf 507 PS gebracht, wobei vor allem die enorme Durchzugskraft des optimierten Triebwerks im Mittelpunkt der Entwicklungsarbeiten stand. Damit gelingt es Alpina, eine perfekte Balance zwischen Luxus und explosiver Leistungsentfaltung unter voller Beibehaltung der Alltagtauglichkeit herzustellen. Der B5 Biturbo von Alpina erreicht – wie die meisten seiner Stallgenossen – eine Höchstgeschwindigkeit von um die 300-km/h.

Alpina B7 Biturbo

Nachdem BMW die dynamischen Qualitäten seiner großen 7er Limousine zeitweise etwas vernachlässigt hatte, besann man sich bei der seit 2008 angebotenen aktuellen Generation wieder verstärkt auf alte Werte. Dennoch bleibt weiterhin genügend Raum für Alpina, auch der Repräsentationslimousine richtig Dampf zu machen. Der bereits im 5er zum Einbau kommende 4,4-Liter-Biturbo-V8 mit 507 PS verleiht auch dem massiven 7er Flügel und stellt das gleiche Fahrleistungspotenzial bereit, über das ein serienmäßiger 760i mit V12-Turbomotor und 544 PS verfügt – der leichtere V8-motorisierte 7er lässt sich jedoch agiler bewegen und ist verbrauchsgünstiger.

Baujahr	seit 2009
Motor-Bauart	V8
Hubraum (cm³)	4385
Leistung (PS/U/min)	507 bei 5500
Vmax in (km/h)	280
Bauart	Limousine (5-türig)

Alpina B6 S

Nachdem BMW 2003 sich auch mit der Einführung einer neuen 6er Reihe mehr in Richtung Komfort orientierte, litt dieses 2+2-sitzige Coupé zwar nicht gerade an Muskelschwund, doch erschien die klare Profilierung als Hochleistungs-GT – trotz des 2005 präsentierten M6 mit 507 PS – etwas verwässert. Natürlich legte Alpina auch hier Hand an. Als Typ B6 S war zwischen 2007 und 2010 ein nach allen Regeln der Kunst technisch veredelter 6er im Programm, dessen 4,4-Liter-V8 auf satte 530 PS gebracht worden war.

Baujahr	2007-2010
Motor-Bauart	V8
Hubraum (cm³)	4398
Leistung (PS/U/min)	530 bei 5500
Vmax in (km/h)	318
Bauart	Coupé

Alpina B6 S Cabrio

Die Topmotorisierung des 6er BMW Alpina mit 530 PS war sowohl für das Coupé wie für das ab 2004 verfügbare Stoffdach-Cabrio erhältlich. Wie bei allen Cabrio-Versionen gab es gegenüber dem Coupé kleine Nachteile im Bereich Aerodynamik. Bei dem gebotenen Fahrleistungspotenzial von gut 300 km/h Höchstgeschwindigkeit war dies jedoch leicht zu verschmerzen. Damit war das B6 S Cabrio im Übrigen eines der schnellsten viersitzigen Cabriolets der Welt.

Baujahr	2007-2010
Motor-Bauart	V8
Hubraum (cm³)	4398
Leistung (PS/U/min)	530 bei 5500
Vmax in (km/h)	313
Bauart	Cabrio

Artega GT

In Deutschland ein ambitioniertes Sportwagenprojekt in britischer Tradition, aber mit hoher Professionalität auf die Beine zu stellen, erwies sich erwartungsgemäß als schwierig. Der Leichtbau-Mittelmotor-Zweisitzer wurde 2007 erstmals auf dem Genfer Salon gezeigt und beeindruckte mit hochwertiger Ausführung. Befeuert wird der GT von einem 3,6-Liter-VW-Sechszylinder mit 300 PS in Kombination mit dem bekannten DSG-Getriebe. Trotz – oder wegen – der hohen technischen Qualität kam es zu mehreren Besitzerwechseln des Unternehmens. Mittlerweile scheint man in ein ruhigeres Fahrwasser gekommen zu sein und die ersten Fahrzeuge sind an die Kunden ausgeliefert.

Baujahr	seit 2009
Motor-Bauart	V6
Hubraum (cm³)	3597
Leistung (PS/U/min)	300 bei 6000
Vmax in (km/h)	285
Bauart	Coupé

AUDI

Baujahr	1970-1976
Motor-Bauart	Vierzylinder (Reihe)
Hubraum (cm³)	1871
Leistung (PS/U/min)	112 bei 5700, 115 bei 5500
Vmax in (km/h)	185
Bauart	Coupé

Audi 100 Coupé S

Die sportliche Version der bürgerlichen Limousine sicherte sich rasch eine treue Fangemeinde. Mit etwas leistungsgesteigertem Antriebsaggregat und noblerer Ausstattung sprach es eine individualistischere Klientel an, denn Konkurrenz in diesem Marktsegment gab es bei inländischen Mitanbietern kaum. Auch heute noch gibt es einen harten Kern von Audi Coupé-Enthusiasten.

Baujahr	1975-1978
Motor-Bauart	Vierzylinder (Reihe)
Hubraum (cm³)	1588
Leistung (PS/U/min)	110 bei 6100
Vmax in (km/h)	178
Bauart	Limousine (2-türig), Limousine (4-türig)

Audi 80 GTE

Mit 100 PS, Breitreifen und sportlichen Ausstattungsmerkmalen hatte Audi seinen 80 GT versehen und damit zwei Jahre vor dem Golf GTI erahnt, wohin der Trend laufen würde. Im Herbst 1975 kam dann der noch einmal aufgewertete 80 GTE mit Bosch K-Jetronic-Benzineinspritzung, den es bald darauf auch viertürig zu kaufen gab. Seine gut im Saft stehenden 110 PS reichten für eine Spitze von über 180 km/h aus, womit er sich auch im Konkurrenzvergleich nicht verstecken musste.

Audi 200 5T

Audis erster Versuch, in der Oberklasse mit den dort marktbeherrschenden Konkurrenten aus Stuttgart und München zu konkurrieren, konnte immerhin als Achtungserfolg gelten. Der 200 ähnelte noch zu stark dem 100er und litt vor allem unter einem massiven Imagenachteil. Technisch befand er sich schon auf Augenhöhe mit den Wettbewerbern und vor allem der 2,2-Liter-Fünfzylinder-Turbomotor hatte seinen ganz eigenen Reiz und war ein erstes markantes Indiz für das, was sich im Lauf der nächsten zwei Jahrzehnte bei Audi tun sollte. Der „Vorsprung durch Technik“ sollte sich als weit mehr erweisen, denn als bloßer Werbespruch.

Baujahr	1980-1982
Motor-Bauart	Fünfzylinder (Reihe)
Hubraum (cm³)	2144
Leistung (PS/U/min)	136 bei 5700 bis 170 bei 5300
Vmax in (km/h)	184 bis 203
Bauart	Limousine (4-türig)

Audi Coupé

Baujahr	1980-1987
Motor-Bauart	Vierzylinder (Reihe)
Hubraum (cm³)	1781, 1921, 1944, 2226
Leistung (PS/U/min)	75 bei 4500 bis 90 bei 5200, 115 bei 5900 bis 136 bei 5700
Vmax in (km/h)	170 bis 200
Bauart	Coupé

Ein voller Erfolg wurde das viersitzige Coupé auf Audi-80-Basis, das die Ingolstädter 1980 auf den Markt brachten. Der Schachzug war geschickt: Die optische Verwandtschaft zum innovativen Prestige-Modell quattro gab dem bürgerlich motorisierten und spezifizierten Normal-Coupé den nötigen Schub. An den grundsätzlichen Qualitäten der Baureihe gab es ohnehin nichts zu mäkeln. Grundsolide, sparsam, mit ordentlichem Raumangebot und den lebhaften Vier- und Fünfzylindermotoren war das Coupé eine rundweg gute Wahl für sportlich gesonnene Kleinfamilien, denen Manta und Capri nicht seriös genug waren.

Audi quattro

Baujahr	1980-1990
Motor-Bauart	Fünfzylinder (Reihe)
Hubraum (cm³)	2144
Leistung (PS/U/min)	200 bei 5800
Vmax in (km/h)	235
Bauart	Coupé

Der quattro war das Auto, das die Marke Audi in bisher nie gekannte Höhen katapultierte und als ernst zu nehmenden Herausforderer im Premium-Segment etablierte. Nicht mehr unspannende Familienkutschen waren das Thema, sondern mit einem Mal die sexy Welt des Motorsports auf Weltniveau und eindrucksvolle Hochtechnologie. Mit seinem 200 PS starken Turbo-Fünfzylinder samt Vierradantrieb sowie seinem martialischen Auftritt mit bauchigen Kotflügelverbreiterungen setzte er einen ersten starken Impuls für einen nachhaltigen Wandel des Markenimage. Auch in Sachen Fahrdynamik setzte der quattro neue Maßstäbe. Der Markt akzeptierte ihn ohne Wenn und Aber – fast 11.500 Exemplare des teuren Nischenmodells fanden in der rund achtjährigen Produktionszeit einen Käufer.

Baujahr	1982-1984
Motor-Bauart	Fünfzylinder (Reihe)
Hubraum (cm³)	1944, 2144
Leistung (PS/U/min)	115 bei 5400, 136 bei 5900
Vmax in (km/h)	184, 195
Bauart	Limousine (2-türig), Limousine (4-türig)

Audi 80 quattro

Im Glanz des „großen" quattro sonnte sich auch der Audi 80. 1982 präsentierten die Ingolstädter ein allradgetriebene Spitzenversion des 80ers, die nur von Fünfzylinder-Triebwerken befeuert wurde, entweder mit 2 oder 2,2 Litern Hubraum, aber stets ohne Turbolader. Das machte insgesamt ein durchaus interessantes Paket, es geriet aber ein wenig zu teuer, um Kunden vom 190er Mercedes-Benz oder 3er BMW zu einem Auto zu ziehen, das wie ein Audi 80 aussah und letztlich auch einer war. Die Publikumsresonanz blieb deshalb mau: Nach nur knapp drei Jahren verschwand der 80 quattro sang- und klanglos wieder vom Markt.

Audi Sport quattro

Ein ganz heißes Eisen, auch wenn es ein wenig skurril aussah. Der Sport quattro war ein nur in limitierter Stückzahl als reines Motorsport-Basisfahrzeug hergestelltes Spezialmodell, das Belange der Ästhetik und unbedingter Alltagstauglichkeit bewusst außer Acht ließ. Handlichkeit, Leistung und Fahrdynamik waren die alles entscheidenden Faktoren. Ein radikal gekürzter Radstand, satte 306 PS aus dem aufgeladenen 2,2-Liter-Fünfzylinder und hochentwickelte Fahrwerkstechnik prädestinierten den Sport quattro zu einem Auto für Spezialisten – aber auch sein Preis: Wer eines der 220 gebauten Exemplare sein Eigen nennen wollte, musste 1984 stolze 200.000 D-Mark berappen.

Baujahr	1984-1984
Motor-Bauart	Fünfzylinder (Reihe)
Hubraum (cm³)	2133
Leistung (PS/U/min)	306 bei 6700
Vmax in (km/h)	250
Bauart	Coupé

Audi RS2

1994 begann bei Audi die Ära der Hochleistungsversionen mit der Typbezeichnung RS. In Zusammenarbeit mit Porsche wurde der RS2 präsentiert, ein nur als Kombi lieferbarer A4 mit Quattro-Antrieb, dessen knapp 2,3 Liter großer Fünfzylindermotor vor allem mittels eines größeren Turboladers von serienmäßigen 230 auf 315 PS gebracht wurde. Damit war der RS2 der schnellste bis dahin gebaute Audi. Er kombinierte darüber hinaus Fahrleistungen und -eigenschaften aus dem Bereich ernstzunehmender Sportwagen mit hoher Alltagtauglichkeit und dem hervorragenden Nutzwert eines Kombis.

Baujahr	1994-1996
Motor-Bauart	Fünfzylinder (Reihe)
Hubraum (cm³)	2226
Leistung (PS/U/min)	315 bei 6500
Vmax in (km/h)	260
Bauart	Kombi (5-türig)

Audi RS3 (8P)

Erst am Ende des Lebenszyklus der aktuellen A3-Baureihe (8P/8PA), im Frühjahr 2011, brachte Audi eine hochsportliche RS-Version auf Basis der fünftürigen Sportback-Karosserie heraus. Wie immer mit dem Quattro-Antrieb versehen verfügte der RS3 als einziger A3 über den legendären Fünfzylinder-Turbomotor, der sich hier auf 340 PS getrimmt zeigt. Das genügt allemal um die Höchstgeschwindigkeit bei 250 km/h abriegeln zu müssen. Wie alle supersportlichen Audi-Modelle tritt der RS3 äußerlich sehr zurückhaltend auf – einzig die riesigen Lufteinlässe in der vergrößerten Frontschürze weisen auf das RS-Modell hin.

Baujahr	seit 2011
Motor-Bauart	Fünfzylinder (Reihe)
Hubraum (cm³)	2480
Leistung (PS/U/min)	340 bei 6800
Vmax in (km/h)	250
Bauart	Sportback (5-türig)

Baujahr	1999-2002
Motor-Bauart	V6
Hubraum (cm³)	2671
Leistung (PS/U/min)	381 bei 6100
Vmax in (km/h)	250
Bauart	Kombi (5-türig)

Audi RS4 (B5)

Nachfolger des RS2 wurde 1999 der RS4, ebenfalls auf Basis der seinerzeit aktuellen A4-Baureihe. Porsche war allerdings nicht mehr offizieller Kooperationspartner sondern die Audi-Tochter Quattro GmbH. Als Antrieb des RS4 diente ein knapp 2,7 Liter großer V6 mit Biturboaufladung, der 381 PS per Sechsganggetriebe und Allradantrieb zur Verfügung stellte. Audi konnte bis 2002 über 6000 Exemplare dieses extrem schnellen Fahrzeugs herstellen und absetzen, das ebenso wie der RS2 nur in der Kombiversion namens Avant erhältlich war.

Audi RS4 Cabrio (B7)

Die nächste RS4-Version ließ mehrere Jahre auf sich warten. Erst Mitte 2006 präsentierte Audi den neuen RS4 der Baureihe B7 und gleich in drei Karosserieformen. Gab es RS2 und RS4 bis dato nur als Avant, so war das neue Modell ebenso als Limousine und sogar als Cabrio erhältlich. Auch technisch hatte sich jede Menge getan. Unter der Motorhaube befand sich nun ein 4,2 Liter großes V8-Triebwerk, das seine 420 PS nicht mehr über eine Turboaufladung erzielte sondern mithilfe eines Hochdrehzahlkonzepts.

Baujahr	2006-2009
Motor-Bauart	V8
Hubraum (cm³)	4163
Leistung (PS/U/min)	420 bei 7800
Vmax in (km/h)	250
Bauart	Cabrio

Audi RS4 (B7)

Baujahr	2005-2009
Motor-Bauart	V8
Hubraum (cm³)	4163
Leistung (PS/U/min)	420 bei 7800
Vmax in (km/h)	250
Bauart	Limousine (4-türig), Kombi (5-türig)

Faszinierende Fahrleistungswerte und hohe Fahrwerksreserven machten gerade die erstmals lieferbare RS4 Limousine der Baureihe B7 zu einer echten Konkurrenz sogar für Hochleistungssportwagen. Das gute Platzangebot im Innen- und Kofferraum sowie der gegenüber einem Sportwagen weniger auffällige Auftritt prädestinierten den RS4 – wie schon seine Vorgänger – zu einem Understatement-Mobil der Extraklasse. Trotz ihrer in gewisser Weise extremen Spezifikation erwies sich diese RS4-Baureihe als sehr erfolgreich. Audi produzierte von ihr über 14.000 Exemplare.

Audi RS5

Baujahr	seit 2010
Motor-Bauart	V8
Hubraum (cm³)	4163
Leistung (PS/U/min)	450 bei 8250
Vmax in (km/h)	250
Bauart	Coupé

Auch die sehr erfolgreiche A5-Baureihe bekam als sportliche Speerspitze eine RS-Version auf Basis des viersitzigen Coupés. Der schon vom RS4 bekannte Hochdrehzahl-V8 fand dabei seinen Weg auch unter die Motorhaube des RS5. Er präsentiert sich hier noch einmal leistungsgesteigert auf 450 PS, die mittels 7-Gang-Doppelkupplungsgetriebe und sportlich ausgelegtem Allradantrieb sicher und effizient auf die Straße gebracht werden. Auf Wunsch kann man übrigens die elektronische Begrenzung der Höchstgeschwindigkeit von 250 km/h auf 280 km/h anheben lassen – ohne dass man damit schon die Grenze der Leistungsfähigkeit des RS5 erreicht hätte…

Baujahr	2008-2010
Motor-Bauart	V10
Hubraum (cm³)	4991
Leistung (PS/U/min)	580 bei 6250
Vmax in (km/h)	303
Bauart	Limousine (4-türig), Kombi (5-türig)

Audi RS6 (C6)

Im Frühjahr 2008 setzte Audi mit dem RS6 der zweiten Generation (C6) dem Segment der Hochleistungs-Sportlimousinen die Krone auf. Erstmals kam hier ein exklusives Fünfliter-V10-Biturbotriebwerk zum Einsatz, das in ähnlicher Form als Saugmotor auch bei der italienischen Edelsportwagenschmiede Lamborghini verwendet wird. Mit 580 PS, Allradantrieb und einem automatischen Sechsgang-Tiptronic-Getriebe ließ der RS6 alle Konkurrenten von BMW (M5, 507 PS) und Mercedes-Benz (E 63 AMG, 525 PS) hinter sich. Bei der gegen Aufpreis lieferbaren „Plus"-Version wurde die Höchstgeschwindigkeit erst bei 303 km/h abgeregelt.

Audi S2

1990 brachten die Ingolstädter, quasi als offiziellen Nachfolger des legendären Urquattro, auf Basis der Baureihe B3 das Coupé S2 heraus. Wie sein Vorgänger war es serienmäßig mit permanentem Allradantrieb ausgestattet. Als Motor kam der bekannte Fünfzylinder-Turbo mit knapp 2,3 Litern Hubraum und zunächst 220 PS zum Einsatz. Ab Herbst 1992 nahm dessen Platz ein modifiziertes Triebwerk mit 230 PS Leistung ein. Trotz überlegener Fahrleistungen vermochte das Coupé S2 nicht am einzigartigen Nimbus des Urquattro zu rütteln. Nach nur fünf Jahren lief das Modell schon aus.

Baujahr	1990-1995
Motor-Bauart	Fünfzylinder (Reihe)
Hubraum (cm³)	2226
Leistung (PS/U/min)	220 bei 5900 bis 230 bei 5900
Vmax in (km/h)	245
Bauart	Coupé

Audi S3 (8L)

Baujahr	1999-2003
Motor-Bauart	Vierzylinder (Reihe)
Hubraum (cm³)	1781
Leistung (PS/U/min)	210 bei 5800 bis 225 bei 5900
Vmax in (km/h)	240
Bauart	Limousine (3-türig), Limousine (5-türig)

Auch in der Kompaktklasse ließ es sich Audi nicht nehmen, ein extra leistungsfähiges Sportmodell zu kreieren. 1999 erblickte so der S3 der Baureihe 8L das Licht der Welt. Nur in der dreitürigen Karosserievariante erhältlich, verfügte der S3 über die bewährte 1,8-Liter-Vierzylindermaschine mit Fünfventil-Zylinderkopf. Im S3 stellte sie zunächst 210 und ab 2001 nach einer Modellpflege 225 PS bereit. Um diese Kraft sicher und effizient auf den Boden bringen zu können war der S3 natürlich serienmäßig mit dem Quattro-Allradantrieb ausgestattet. Als Höchstgeschwindigkeit standen für den S3 rund 240 km/h zu Buche.

Baujahr	seit 2006
Motor-Bauart	Vierzylinder (Reihe)
Hubraum (cm³)	1984
Leistung (PS/U/min)	265 bei 6000
Vmax in (km/h)	250
Bauart	Limousine (3-türig), Limousine (5-türig), Sportback (5-türig)

Audi S3 (8P)

Die nächste, 2006 auf den Markt gekommene S3-Generation stand noch einmal deutlich besser im Futter: Statt von einem 1,8-Liter wurde dieses Modell von einem Zweiliter-Turbo-Vierzylinder angetrieben, bei dessen Zylinderkopfgestaltung man wieder auf herkömmliche 16 Ventile setzte. Der Motor des neuen S3 leistete 265 PS und erforderte eine Abregelung der erreichbaren Höchstgeschwindigkeit bei 250 km/h. Die technische Grundauslegung entsprach der des Vorgängermodells, jedoch war der S3 ab 2008 auch mit der fünftürigen Sportback-Karosserie erhältlich.

Baujahr	1997-2001
Motor-Bauart	V6
Hubraum (cm³)	2671
Leistung (PS/U/min)	265 bei 5800
Vmax in (km/h)	250
Bauart	Limousine (4-türig), Kombi (5-türig)

Audi S4 (B5)

Von 1997 bis 2001 war die Sportversion S4 des Audi A4 der Modellgeneration B5 auf dem Markt. Verfügbare Karosserievarianten waren die viertürige Limousine und der fünftürige Kombi namens Avant. Gegenüber den RS- waren die S-Modelle zwar immer noch betont sportlich, aber doch erkennbar zahmer spezifiziert. Der 2,7 Liter große Turbo-V6 des S4 leistete 265 PS und beschleunigte Limousine oder Avant auf abgeregelte 250 km/h. Von außen waren die S4-Modelle nur vom Kenner direkt zu identifizieren – durch modifizierte Front- und Heckschürzen sowie spezielle Leichtmetallfelgen.

Audi S4 (B6)

Der S4 der Modellgeneration B6 wurde von Audi 2003 präsentiert. Erstmals war in der S-Spezifikation neben dem Kombi Avant auch die viertürige Limousinen- sowie die Cabrioversion erhältlich. Als Antrieb diente ein 4,2-Liter-V8-Saugmotor mit 344 PS, wie er ähnlich im S8 eingesetzt wurde – ein noch stärkeres RS-Modell, wie es bei der Nachfolgegeneration B7 wieder angeboten wurde, gab es beim B6 nicht. Die verfügbare Leistung reichte jedoch allemal um den S4 zu einem kompakten Mittelklassefahrzeug mit sportwagenmäßigen Fahrleistungen zu machen.

Baujahr	2003-2005
Motor-Bauart	V8
Hubraum (cm³)	4163
Leistung (PS/U/min)	344 bei 7000
Vmax in (km/h)	250
Bauart	Limousine (4-türig), Kombi (5-türig), Cabrio

Audi S4 (B7)

Baujahr	2004-2009
Motor-Bauart	V8
Hubraum (cm³)	4163
Leistung (PS/U/min)	344 bei 7000
Vmax in (km/h)	250
Bauart	Limousine (4-türig), Kombi (5-türig), Cabrio

Unterhalb des radikalen RS4, der in der Modellgeneration B7 des Audi A4 wieder in die Angebotspalette zurückkehrte, positionierte Audi Ende 2004 auch wieder einen S4. Die Ingolstädter konzentrierten sich bei der Entwicklungsarbeit für das neue Modell jedoch neben der Optik vor allem auf den weiteren Feinschliff am Fahrwerk. Eine erneute Steigerung der Motorleistung stand angesichts des RS4 nicht auf dem Programm. So blieb es beim 4,2 Liter großen V8-Saugmotor mit 344 PS und nach wie vor exzellenten Fahrleistungen.

Audi S4 (B8)

Vor dem Hintergrund der Notwendigkeit sparsamere Automobile zu bauen, setzte Audi bei der 2009 vorgestellten neuen Modellgeneration des S4 ein klares Signal: keine neuerliche Leistungssteigerung sondern günstigerer Kraftstoffverbrauch bei gleichem Leistungspotenzial. Erreicht wurde dies durch den Einbau eines komplett neuen Triebwerks in den S4. Nicht mehr der 4,2-Liter-V8-Saugmotor findet sich nun unter der Haube sondern ein brandneuer Dreiliter-V6 mit Kompressoraufladung. Dieser leistet 333 PS bei verbesserten Drehmomentwerten und um ca. vier Liter reduziertem Durchschnittsverbrauch.

Baujahr	seit 2009
Motor-Bauart	V6
Hubraum (cm³)	2995
Leistung (PS/U/min)	333 bei 5500
Vmax in (km/h)	250
Bauart	Limousine (4-türig), Kombi (5-türig)

Audi S8 (D2)

Selbst von seiner eher auf Komfort ausgelegten Oberklasse-Limousine A8 bot Audi ab 1996 eine Sportversion namens S8 an. Ausgerüstet war sie mit einem 4,2-Liter-V8-Saugmotor, der zunächst 340 und ab 1999 360 PS produzierte. Dank seiner Aluminiumkarosserie geriet der S8 trotz seiner ausladenden Dimensionen deutlich leichter als die meisten seiner Konkurrenten, was den erreichbaren Fahrleistungen entgegen kam. Der auch im S8 serienmäßige Quattro-Allradantrieb sorgte für ausgezeichnete Fahreigenschaften, das lieferbare Sechsgang-Schaltgetriebe sicherte ihm gar eine Alleinstellung im Umfeld großvolumiger Limousinen.

Baujahr	1996-2002
Motor-Bauart	V8
Hubraum (cm³)	4172
Leistung (PS/U/min)	340 bei 6000 bis 360 bei 6000
Vmax in (km/h)	250
Bauart	Limousine (4-türig)

Baujahr	2006-2010
Motor-Bauart	V10
Hubraum (cm³)	5204
Leistung (PS/U/min)	450 bei 7000
Vmax in (km/h)	250
Bauart	Limousine (4-türig)

Audi S8 (D3)

Eine deutliche Leistungszulage erfuhr die 2006 eingeführte zweite Generation des Audi S8. Statt des 4,2 Liter großen V8 kam nun ein V10-Triebwerk zum Einsatz, das aus 5,2 Litern Hubraum 450 PS schöpfte. Um das gewohnte Fahrleistungspotenzial bieten zu können war dies auch erforderlich, da der neue S8 rund 200 Kilogramm mehr auf die Waage brachte als sein Vorgänger. Die Marktnische für Fahrzeuge solchen Zuschnitts wurde aber enger und nicht zuletzt wegen der Konkurrenz im eigenen Haus durch die agileren, wenn auch kaum leichteren S6 und RS6 beschloss Audi, den S8 im Jahr 2010 auslaufen zu lassen.

Baujahr	1994-1997
Motor-Bauart	Fünfzylinder (Reihe), V8
Hubraum (cm³)	2226, 4172
Leistung (PS/U/min)	230 bei 5900 bis 326 bei 6500
Vmax in (km/h)	250
Bauart	Limousine (4-türig), Kombi (5-türig)

Audi S6 (C4)

Im Jahr 1994 strukturierte Audi die Modellbezeichnungen seiner Fahrzeugbaureihen um: Aus dem Audi 80 wurde der A4, aus dem Audi 100 der A6. Dies hatte auch Auswirkungen auf die S-Versionen. Hieß der besonders sportliche und leistungsstarke Audi 100 von 1991 bis 1994 noch S4, so bekam er mit der Umbenennung in A6 den logischen Namen S6. Die Bezeichnung S4 war von da an für die Sportversionen des A4 reserviert. Die erste S6-Generation, die von 1994 bis 1997 gebaut wurde, gab es in drei unterschiedlichen Motorisierungen: Mit einem knapp 2,3 Liter großen Turbofünfzylinder und 230 PS sowie ab 1992 alternativ mit einem 4,2 Liter großen V8 mit 290 PS oder in der plus-Version mit 326 PS, alle mit Allradantrieb.

Audi S6 (C5)

Baujahr	1999-2005
Motor-Bauart	V8
Hubraum (cm³)	4172
Leistung (PS/U/min)	340 bei 7000
Vmax in (km/h)	250
Bauart	Limousine (4-türig), Kombi (5-türig)

Von 1999 bis 2005 war die zweite Generation des S6 auf dem Markt. Die legendären Fünfzylinder-Turbomotoren wurden vorerst in den Ruhestand geschickt und als einzig lieferbares Triebwerk kam der 4,2-Liter-V8 zum Einbau. Im neuen S6 (C5) zeigte er sich auf 340 PS leistungsgesteigert. Als Kraftübertragung konnte man zwischen einem mechanischen Sechsganggetriebe oder einer Fünfgangautomatik auswählen, die im weiteren Verlauf der Produktion zur Standardausstattung avancierte.

Audi S6 (C6)

Baujahr	2006-2010
Motor-Bauart	V10
Hubraum (cm³)	5204
Leistung (PS/U/min)	435 bei 6800
Vmax in (km/h)	250
Bauart	Limousine (4-türig), Kombi (5-türig)

Mit der 2006 eingeführten dritten Generation (C6) des Audi S6 hielt der neue V10-Saugmotor auch hier Einzug. Das 5,2 Liter große Hochleistungstriebwerk mit Direkteinspritzung stellte eindrucksvolle 435 PS bereit, hielt damit aber noch einen erheblichen Abstand zum RS6, der bei seinem Erscheinen 2008 mit 580 PS aufwartete. Der S6 bot natürlich Fahrleistungen, die auch Top-Sportwagen zur Ehre gereicht hätten, war aber in seinem Gesamtkonzept als überlegene Sportlimousine deutlich weniger extrem ausgelegt als der RS6. Alle S6 wurden serienmäßig mit einer Sechsgangautomatik ausgerüstet.

Audi TT (8N)

Baujahr	1998-2005
Motor-Bauart	Vierzylinder (Reihe)
Hubraum (cm³)	1781 bis 3189
Leistung (PS/U/min)	150 bei 5500 bis 250 bei 6500
Vmax in (km/h)	210 bis 240
Bauart	Coupé, Cabriolet

Etwas harzig begann 1998 die Karriere des TT: Die ersten ausgelieferten Fahrzeuge des sportlichen 2+2-Sitzers hatten Stabilitätsprobleme im Hochgeschwindigkeitsbereich. Nach einigen schweren Unfällen, die womöglich auf diese Probleme zurückzuführen waren, reagierten die Ingolstädter prompt, riefen die bereits in Kundenhand befindlichen Fahrzeuge zurück und rüsteten ab sofort alle TT mit einem Abtrieb fördernden Heckspoiler aus. Damit waren zwar die Schwächen des Fahrverhaltens kuriert, die Optik des Sport-Audi für manchen Betrachter aber ruiniert. Bald erinnerte sich kaum noch jemand an dieses Thema – der TT etablierte sich fortan in seiner Klasse bestens.

Baujahr	seit 2006
Motor-Bauart	Vierzylinder (Reihe), V6
Hubraum (cm³)	1798, 1968, 1984, 3189
Leistung (PS/U/min)	160 bei 6300 bis 250 bei 6300
Vmax in (km/h)	220-250
Bauart	Coupé, Cabriolet

Audi TT (8J)

Im Frühjahr 2006 stand die zweite Generation des erfolgreichen Sportcoupés TT zur Markteinführung bereit. Optisch straffte Audi den rundlichen TT etwas, ohne jedoch die grundlegende Linienführung zu verändern. Die Motorenpalette des Basismodells wurde im Lauf der Zeit ebenfalls verbreitert. Neben dem Zweiliter-Vierzylinder mit Turbolader und 200 PS und dem 3,2-Liter-Sechszylinder mit nach wie vor 250 PS kamen später noch ein aufgeladener 1,8-Liter-Vierzylinder mit 160 PS als Einstiegsmodell und erstmals ein Zweiliter-Vierzylinder-Turbodiesel mit 170 PS hinzu. Rund ein Jahr nach der Vorstellung des Coupés kam der neue TT Roadster auf den Markt.

Audi TT RS

Analog zu den Limousinen-Baureihen bot Audi ab 2008 bzw. 2009 zwei unterschiedlich starke Sportversionen des TT an. Der RS spielte dabei wie gewohnt die Rolle des kompromisslosen Hochleistungsmodells. Erstmals mit einem 2,5 Liter großen Fünfzylinder-Turbomotor unter der Haube wurde er mit seinen 340 PS in Kombination mit dem Quattro-Allradantrieb zu einer echten Herausforderung selbst für Sportwagen vom Kaliber eines Porsche. Die Limitierung der erreichbaren Höchstgeschwindigkeit des RS kann gegen Aufpreis erst bei 280 km/h erfolgen.

Baujahr	seit 2009
Motor-Bauart	Fünfzylinder (Reihe)
Hubraum (cm^3)	2480
Leistung (PS/U/min)	340 bei 6500
Vmax in (km/h)	280
Bauart	Coupé

Baujahr	seit 2008
Motor-Bauart	Vierzylinder (Reihe)
Hubraum (cm³)	1984
Leistung (PS/U/min)	272 bei 6000
Vmax in (km/h)	250
Bauart	Coupé

Audi TTS

Eine erste, die Sportlichkeit des Coupés besonders betonende Modellvariante erschien Mitte 2008 auf dem Markt. Ein größerer Turbolader sowie entsprechende Modifikationen an der Motorperipherie ließen die Leistung des Zweiliter-Vierzylinders mit Direkteinspritzung auf 272 PS ansteigen. Dadurch wurden im Zusammenwirken mit dem serienmäßigen Quattro-Allradantrieb Beschleunigungswerte von um die 5 Sekunden von 0 auf 100 km/h möglich. Der TTS stieß damit in ganz neue Leistungsdimensionen vor, die der etwas schwerfälligen 3,2-Liter-Version der Vorgängerbaureihe noch verschlossen waren.

Audi TTS Roadster

Gemeinsam mit dem Coupé wurde auch die S-Version des TT Roadster präsentiert. Bei gleicher technischer Spezifikation brachte der offene TTS aufgrund zahlreicher Versteifungsmaßnahmen an der Karosseriestruktur gegenüber dem Coupé allerdings einige Kilogramm Mehrgewicht auf die Waage. Dennoch reichten die 272 PS des Zweiliter-TFSI-Motors mühelos aus, um den Roadster zu einem echten Konkurrenten stark motorisierter BMW Z4, Mercedes SLK und auch des Porsche Cayman zu machen.

Baujahr	seit 2008
Motor-Bauart	Vierzylinder (Reihe)
Hubraum (cm³)	1984
Leistung (PS/U/min)	272 bei 6000
Vmax in (km/h)	250
Bauart	Roadster

Baujahr	seit 2007
Motor-Bauart	Vierzylinder (Reihe), V6
Hubraum (cm³)	1798, 1984, 1968, 2698, 2967, 3197
Leistung (PS/U/min)	160 bei 6200 bis 265 bei 6500
Vmax in (km/h)	210 bis 250
Bauart	Coupé

Audi A5 Coupé

Auf der Plattform des A4 erweiterte Audi im Frühjahr 2007 seine Modellpalette um den Typ A5, der zunächst als sportlich-elegantes Coupé erschien. Die fließenden Linien der viersitzigen Karosse begeisterten das Publikum sofort. Von Beginn an war eine Fülle von Motorversionen lieferbar, vom sparsamen 1,8-Liter-Turbobenziner mit 170 (später 160) PS bis zum 3,2 Liter großen V6-Direkteinspritzer mit 265 PS. Daneben gab es zunächst zwei Diesel-V6 mit 2,7 und 3 Litern Hubraum und 190 bzw. 240 PS. Im Lauf der Jahre wurde die Motorenauswahl noch weiter ausdifferenziert und umfasst mittlerweile auch Zweiliter-Vierzylinder-Diesel mit 143 oder 170 PS.

Baujahr	seit 2007
Motor-Bauart	V6, V8
Hubraum (cm³)	2995, 4172
Leistung (PS/U/min)	333 bei 7000
	bis 354 bei 7000
Vmax in (km/h)	250
Bauart	Coupé

Audi S5

Am oberen Ende der Leistungsskala siedelte Audi die Sportversion S5 an, die bereits kurz nach der Markteinführung der Modellreihe verfügbar war. Motorisiert war der S5 mit dem 4,2-Liter-V8-Saugmotor, der 354 PS bereitstellte. Mit seinen sportlichen Talenten und den Qualitäten als Langstreckenfahrzeug wurde der S5 zu einem faszinierenden Gran Turismo. Bei dem gegebenen Leistungspotenzial war der serienmäßige Einbau des Quattro-Allradantriebs selbstverständlich. Die ab 2009 erhältlichen Cabrio- und Sportback-Versionen waren primär aus Verbrauchsgründen mit einem Dreiliter-V6-Kompressortriebwerk ausgestattet, das 333 PS leistet.

Audi R8 Spyder

Es war nur eine Frage der Zeit, bis dass vom erfolgreichen Mittelmotor-Coupé R8 auch eine Offenversion präsentiert werden würde. Im September 2009 war es soweit: Zunächst nur mit dem 525 PS starken V10-Triebwerk ausgerüstet stand der Spyder am Start. Erst später war auch der V8-Motor mit 420 PS lieferbar. Wie schon im Fall des Coupés ist der Spyder weniger als kompromissloser Hochleistungsrenner ausgelegt, sondern vielmehr als zivilisierter Reisesportwagen, der die Nerven seiner Passagiere schont.

Baujahr	seit 2009
Motor-Bauart	V8, V10
Hubraum (cm³)	4163, 5204
Leistung (PS/U/min)	420 bei 7800 bis 525 bei 8000
Vmax in (km/h)	301 bis 316
Bauart	Roadster

Audi R8

Die Strategie von Audi ist darauf abgestellt, früher oder später zum weltgrößten Hersteller von Premiumfahrzeugen aufzusteigen. Mit glasklarer Konsequenz wird diese Zielstellung verfolgt – was auch bedeutet, exklusive automobile Imageträger in die Modellpalette zu integrieren. Mit dem R8 taten die Ingolstädter 2007 diesen Schritt. Der bärenstarke Mittelmotor-Renner sollte aber weniger ein kompromissloser Hochleistungssportwagen sein, sondern vielmehr auch im Alltag und auf Reisen überzeugen. Damit trat er von seinen Fähigkeiten her eher in Konkurrenz zum Porsche 911 – freilich ohne dessen unantastbares Prestige erreichen zu können.

Baujahr	seit 2007
Motor-Bauart	V8, V10
Hubraum (cm³)	4163 bis 5204
Leistung (PS/U/min)	420 bei 7800
	bis 525 bei 8000
Vmax in (km/h)	301 bis 316
Bauart	Coupé

Baujahr	2008
Motor-Bauart	V12
Hubraum (cm³)	4999
Leistung (PS/U/min)	500 bei k.A.
Vmax in (km/h)	325
Bauart	Coupé

Audi R8 TDI Le Mans

Um die Publikumsreaktion zu testen präsentierte Audi Anfang 2008 auf der North American Auto Show in Detroit eine Dieselversion seines Mittelmotorsportwagens R8, die mit einem Sechsliter-V12-TDI-Triebwerk ausgestattet war und 500 PS sowie ein monströses Drehmoment von 1000 Nm auf die Straße brachte. Mit dieser Motorenvariante sollte der Bogen zum erfolgreichen Sport-Prototyp R10 TDI gespannt werden, der den Dieselmotor erfolgreich im Spitzenrennsport etabliert hatte. Im Sommer 2009 ließ Audi jedoch verlauten, dass der R8 TDI nicht in die Serienproduktion übernommen würde und das Projekt gestoppt sei.

Baujahr	1973-1979
Motor-Bauart	V8
Hubraum (cm³)	5354
Leistung (PS/U/min)	230 bei 4700
Vmax in (km/h)	210
Bauart	Coupé

Bitter CD

Erich Bitter aus Schwelm bei Wuppertal erfüllte sich seinen Traum. Der frühere Rennfahrer lancierte 1973 mit dem Bitter CD ein außergewöhnlich elegant geformtes 2+2-sitziges Luxuscoupé, dessen Technik von Opel geliefert wurde. Unter der Haube fand sich der gut 5,3 Liter große GM-V8 aus dem Edel-Opel „Diplomat". All das machte gehörigen Eindruck, genügte aber letztlich nicht, um der Marke Bitter eigene dauerhafte Identität zu geben. Nach immerhin etwa siebenjähriger Bauzeit wurde der CD vom Nachfolgemodell SC abgelöst.

Baujahr	1981-1986
Motor-Bauart	Sechszylinder (Reihe)
Hubraum (cm³)	2968, 3849
Leistung (PS/U/min)	180 bei 5800, 210 bei 5100
Vmax in (km/h)	200 bis 225
Bauart	Coupé, Cabriolet, Limousine (4-türig)

Bitter SC

Der 1981 unter erheblichen Geburtswehen von Erich Bitter auf den Markt gebrachte Nachfolger des eleganten CD bediente sich wieder bewährter Opel-Technik, diesmal stand die Senator/Omega-Baureihe Pate. So begeisternd die Linienführung des 2+2-sitzigen Coupés auch war, so problematisch war die Qualität der Ausführung und Verarbeitung des nicht gerade billigen SC. Erst der Wechsel der Fertigung zu Steyr in Österreich brachte ein akzeptables Verarbeitungsniveau. Dies alles hielt den nimmermüden Bitter indes nicht davon ab, hochfliegende Pläne für den US-Markt zu schmieden und sich mit weiteren Versionen des SC als Cabrio, Viertürer und mit Vierradantrieb zu beschäftigen. Das Mitte der achtziger Jahre dramatisch gescheiterte US-Engagement beendete dann zeitweilig Bitters Dasein als Automobilproduzent.

BMW

M MM 6701

Baujahr	1955-1959
Motor-Bauart	V8
Hubraum (cm³)	3168
Leistung (PS/U/min)	150 oder 160 bei 5000
Vmax in (km/h)	200 bis 220
Bauart	Cabriolet

BMW 507

BMWs Antwort auf den Mercedes-Benz 300 SL bekam die Typbezeichnung 507 und wurde noch seltener verkauft als der parallel gebaute 503 – eigentlich unverständlich, denn stilistisch und technisch brauchte er sich wahrlich nicht hinter dem Super-Benz zu verstecken. Freilich fehlten ihm im direkten Vergleich 65 PS und die verlockende Aura großartiger Motorsporterfolge – schon damals ein probates Verkaufsargument.

BMW 503 Coupé und Cabriolet

Gedacht als sportlich-elegante Ergänzung des lückenhaften Modellprogramms erwies sich der von Albrecht Graf Goertz äußerst schlicht gezeichnete „503" als echter Flop. Trotz Achtzylindermotor, exquisiter Ausstattung und Aluminiumkarosserie konnte der riesige Wagen in vier Produktionsjahren nicht mehr als 413 Käufer von seinen Qualitäten überzeugen. Heute freilich steht er schon wegen seiner Seltenheit bei BMW-Enthusiasten hoch im Kurs.

Baujahr	1956-1959
Motor-Bauart	V8
Hubraum (cm³)	3168
Leistung (PS/U/min)	140 bei 4800, 150 bei 5000
Vmax in (km/h)	190
Bauart	Coupé, Cabriolet

Baujahr	1959-1965
Motor-Bauart	Zweizylinder (Boxer)
Hubraum (cm³)	697
Leistung (PS/U/min)	30 bei 5000 bis 40 bei 5700
Vmax in (km/h)	125 bis 135
Bauart	Coupé

BMW 700 Coupé (700 Coupé, LS Coupé, 700 Sport, 700 CS Coupé)

Auch Kleinwagenkunden mochten am Beginn der sechziger Jahre nicht auf sportlich getrimmte Coupé- oder Cabrioversionen verzichten. Der BMW 700 Sport kam diesen Wünschen entgegen. 40 PS im Heck reichten aus, um die flotte Heckschleuder auf Landstraßen unterhaltsam bewegen zu können. Heute sind diese wirtschaftlichen Klein-Sportler bei den Oldtimerfans sehr gesucht.

BMW 3200 CS

Bertone führte den Zeichenstift bei der Formgebung des 503-Erben „3200 CS". Ebenso wie sein Vorgänger wirkte er trotz der Verwendung BMW-typischer Stilmerkmale etwas betulich. Die überzeugende Linie eines viersitzigen Coupés wollte sich nicht recht einstellen. Unter der Haube hatte sich auch nicht viel getan: Der 3,2-Liter-V8 leistete mittlerweile 160 PS, die für angemessene, nicht aber wirklich gute Fahrleistungen sorgten. Das alte Münchner Coupé-Konzept war nach 10 Jahren relativer Erfolglosigkeit definitiv gescheitert.

Baujahr	1961-1965
Motor-Bauart	V8
Hubraum (cm³)	3168
Leistung (PS/U/min)	160 bei 5600
Vmax in (km/h)	200
Bauart	Coupé

Baujahr	1965-1970
Motor-Bauart	Vierzylinder (Reihe)
Hubraum (cm³)	1990
Leistung (PS/U/min)	100 bei 5500, 120 bei 5500
Vmax in (km/h)	168 bis 185
Bauart	Coupé

BMW 2000 C und 2000 CS

Das auf der technischen Basis der „Neue Klasse"-Limousinen basierende Coupé positionierte BMW – im Unterschied zu früheren Zeiten – in vergleichsweise bürgerlichen Preisregionen. Die unkonventionelle Linienführung des neuen 2+2-Sitzers sorgte gleichwohl für unterschiedliche Meinungen. Der Zweiliter-Vierzylindermotor war in zwei Leistungsstufen erhältlich, mit 100 und 120 PS, was Mitte der 60er Jahre für durchaus sportliche Fahrleistungswerte sorgte. Das überaus positive Image der Limousinen, das für BMW markenprägend sein sollte, sprang auf die Coupés zunächst noch nicht über – das geschah erst mit den Sechszylinderversionen ab 1968.

BMW 2000 (2000, 2000 TI, 2000 tilux, 2000 tii („Neue Klasse")

Die Spitzenmodelle der seinerzeit schon etablierten „Neuen Klasse" hatten ein Facelifting an Front und Heck erhalten. In der tii-Version mit mechanischer Benzineinspritzung zerrten satte 130 PS am Antriebsstrang. Das mehr auf Komfort ausgelegte tilux-Modell leistete 10 PS weniger. Als Alfa-Alternative waren diese Fahrzeuge stets ein guter Tipp, wenngleich sie heute kaum mehr zu finden sind.

Baujahr	1966-1972
Motor-Bauart	Vierzylinder (Reihe)
Hubraum (cm³)	1990
Leistung (PS/U/min)	100 bei 5500 bis 130 bei 5800
Vmax in (km/h)	164 bis 185
Bauart	Limousine (4-türig)

Baujahr	1967-1968
Motor-Bauart	Vierzylinder (Reihe)
Hubraum (cm³)	1573
Leistung (PS/U/min)	105 bei 6000
Vmax in (km/h)	185
Bauart	Coupé

BMW 1600 GT

Nach der Glas-Übernahme durch den wiedererstarkten bayerischen Erzkonkurrenten BMW, blieb in der Modellpalette kaum etwas vom Dingolfinger Erbe übrig. Der Vierzylinder-Sportwagen schien der Münchner Marketingabteilung allerdings erhaltenswert. Im Sinne der Rationalisierung gab es eine technische Anlehnung an den BMW 1600 TI, dessen Motor, Getriebe und Hinterachse der nun BMW 1600 GT genannte Wagen übernahm.

BMW CS (2800 CS, 3,0 CS, 3,0 CSL, 3,0 CSi, 2,5 CS)

Erst mit der Sechszylindermotorisierung der Coupé-Baureihe wurde diese ein Erfolg. Zusammen mit einigen tiefgreifenden Karosserieretuschen entstand so ein echter 2+2-sitziger GT von internationaler Klasse. Das sportliche Image rührte nicht zuletzt von den Erfolgen der Renncoupés her, die renommierte BMW-Tuner wie Alpina oder Schnitzer auf den Rennstrecken Europas mit großem Erfolg zum Einsatz brachten.

Baujahr	1968-1975
Motor-Bauart	Sechszylinder (Reihe)
Hubraum (cm³)	2494 bis 3153
Leistung (PS/U/min)	150 bei 6000 bis 206 bei 5600
Vmax in (km/h)	201 bis 220
Bauart	Coupé

Baujahr	1973-1974
Motor-Bauart	Vierzylinder (Reihe)
Hubraum (cm³)	1990
Leistung (PS/U/min)	170 bei 5800
Vmax in (km/h)	211
Bauart	Limousine (2-türig)

BMW 2002 turbo

Da hatten sich die Münchner Marketingstrategen verkalkuliert: Der 2002 turbo passte so gar nicht in die Zeit der ersten Ölkrise mit ihren Sonntagsfahrverboten. Aggressive Optik, hohe Leistung bei hohem Verbrauch und die noch unausgegorene Turbo-Technik der frühen Jahre ließ den 2002 turbo so schnell wieder aus den Verkaufskatalogen verschwinden, wie er gekommen war – ein klassischer Fehlschlag, wenn auch ohne schwerwiegende Folgen für BMW.

BMW 635 CSi

Auf den Spuren der klassischen BMW Coupés der frühen siebziger Jahre wandelte die neue, 1976 vorgestellte 6er Reihe – modern gezeichnete 2+2-Sitzer mit deutlich besserem Platzangebot als bei der Vorgängerbaureihe, aber ähnlicher Motorenpalette. Ein erstes Spitzenmodell war der 1978 erscheinende 635 CSi, der über den auf 3,5 Liter vergrößerten Reihensechszylinder mit Benzineinspritzung und 218 PS verfügte. Die Fahrleistungen entsprachen in etwa denen des alten 3.0 CSi, allerdings waren die Fahrzeuge der 6er Baureihe insgesamt weniger agil und stärker auf Insassenkomfort ausgerichtet.

Baujahr	1978-1989
Motor-Bauart	Sechszylinder (Reihe)
Hubraum (cm³)	3430, 3453
Leistung (PS/U/min)	218 bei 5500
Vmax in (km/h)	230
Bauart	Coupé

Baujahr	2003-2010
Motor-Bauart	Sechszylinder (Reihe), V8, V10
Hubraum (cm³)	2996 bis 4999
Leistung (PS/U/min)	258 bei 6600 bis 507 bei 7750
Vmax in (km/h)	250
Bauart	Coupé

BMW 6er Coupé (E63)

Fast 15 Jahre hatte man auf eine Neuauflage der BMW 6er Serie warten müssen, nachdem die alte 1989 ausgelaufen war. Die Rolle des klassischen 2+2-sitzigen Gran Turismo hatten in der Zwischenzeit die mit Acht- und Zwölfzylindermotoren ausgerüsteten Coupés der 8er Reihe eingenommen. Das 2003 neu präsentierte 6er Coupé mit dem Typencode E63 sollte nun Elemente des alten 6ers und des 8ers miteinander vereinen und zur Geltung bringen. Bei aller Klasse der technischen Spezifikation und Ausführung polarisierte jedoch das Karosseriedesign des neuen Modells. Auch die selbstbewusste Preisgestaltung sorgte dafür, dass der 6er eine relativ seltene Erscheinung auf den Straßen blieb.

BMW 6er Cabrio (E64)

Noch mehr trifft das eben Gesagte auf das 6er Cabrio zu, das – heute eher ungewöhnlich – mit einem traditionellen Stoffdach statt einem klappbaren Hardtop ausgestattet ist. Immerhin ist es die erste vom Werk realisierte Cabrio-Version eines großen BMW-Coupés seit dem 503 von 1955. Die Spitzenmotorisierung bildet wie beim Coupé ein knapp 5 Liter großer V10 mit 507 PS – das Zwölfzylinder-Triebwerk des 850 i mit seinen stattlichen Verbrauchswerten (aber auch unerreichter Laufkultur) war einfach nicht mehr zeitgemäß. Mit Einstandspreisen von bis zu 90.000 Euro lebt das 6er Cabrio in einer sehr kleinen Marktnische mit überschaubarem Kundenkreis.

Baujahr	2004+2010
Motor-Bauart	Sechszylinder (Reihe), V8, V10
Hubraum (cm³)	2996 bis 4999
Leistung (PS/U/min)	272 bei 6700 bis 507 bei 7750
Vmax in (km/h)	250
Bauart	Cabrio

Baujahr	seit 2011
Motor-Bauart	Sechszylinder (Reihe), V8
Hubraum (cm³)	2979, 2993, 4395
Leistung (PS/U/min)	313 bei 4400 bis 408 bei 6400
Vmax in (km/h)	250
Bauart	Cabrio

BMW 6er Cabrio (F12)

Das brandneue, im Frühjahr 2011 in den Verkauf gekommene neue 6er Cabrio marschiert auf dem Weg weiter, den sein Vorgängermodell vorgezeichnet hat: kleine Stückzahlen, hoher Preis, hohe Leistung, elektrisches Stoffdach. Immerhin präsentiert sich der für eine relativ kleine Marktnische produzierte 2+2-Sitzer optisch harmonischer als die letzte Modellgeneration, bei der noch der berühmt-berüchtigte, wie ein Rucksack ausschauende Kofferraumdeckel des umstrittenen Ex-BMW-Designers Chris Bangle die Betrachter polarisierte. Mit Motorleistungen von 313 bis 408 PS ist man in diesem edlen Gefährt souverän unterwegs.

BMW 6er Coupé (F13)

Später als das Cabrio erschien im Herbst 2011 das neue 6er Coupé. Gegenüber dem stets etwas pummelig wirkenden Vorgängermodell, dessen Linienführung für heiße Diskussionen sorgte, zeigte sich das aktuelle Modell athletischer und sehniger im optischen Auftritt. Die neu betonte Sportlichkeit des BMW Gran Turismo spiegelt sich auch im Motorenangebot wider: Vom Dreiliter-Sechszylinder-Benziner mit 320 PS bis zum Turbo-V8 mit 408 PS, ergänzt durch einen Dreiliter-Sechszylinder-Diesel mit 313 PS reicht die Palette. Überlegene Fahrleistungen sind damit garantiert.

Baujahr	seit 2011
Motor-Bauart	Sechszylinder (Reihe), V8
Hubraum (cm³)	2979, 2993, 4395
Leistung (PS/U/min)	313 bei 4400 bis 408 bei 6400
Vmax in (km/h)	250
Bauart	Coupé

Baujahr	1989-1993
Motor-Bauart	V8, V12
Hubraum (cm³)	3982, 4988
Leistung (PS/U/min)	286 bei 5800 bis 380 bei 5500
Vmax in (km/h)	250
Bauart	Coupé

BMW 850 i, 850 CSi, 850 Ci, 840 Ci

Das 1989 vorgestellte 2+2-sitzige Coupé war mit seinem Fünfliter-Zwölfzylinder und 300 PS in einem deutlich höheren Marktsegment angesiedelt als die alte 6er Coupé-Baureihe, die im gleichen Jahr ausgelaufen war. Der 8er schuf sich mit seiner eleganten Erscheinung und höchst kultivierten Sportlichkeit sofort zahlreiche Freunde. Im Laufe der Jahre gab es zwei bedeutende Ausweitungen des Motorenangebots: zum einen nach unten mit dem Vierliter-Achtzylinder als 840 und nach oben mit einer sportlich geschärften 850 CSi-Version und stolzen 380 PS. Letztere blieb sehr selten und stellt bis heute eine Art Quintessenz der Coupé-Kultur von BMW dar.

BMW M1

Ein neuer Supersportwagen betrat 1978 die Bühne. Der M1 war BMWs erster tastender Versuch in diesem bislang ungewohnten Marktsegment. Geburtswehen hatte es dabei zur Genüge gegeben: Eigentlich sollte die geplante Auflage von 450 Stück bei Lamborghini gefertigt werden. Die seinerzeit finanziell stets schwache italienische Edelschmiede zog sich allerdings kurz vor Serienanlauf aus dem Projekt zurück. Die Kleinserie wurde schließlich beim bekannten BMW-Partner Baur in Stuttgart aufgelegt. Motorisiert war der M1 mit dem 277 PS starken 24-Ventil-Triebwerk aus dem M 635 CSi. Die letzten M1 standen wie Blei bei den BMW-Händlern und wurden am Ende mit massiven Preisnachlässen verkauft. Heute sind die überlebenden Fahrzeuge gesuchte und teure Sammlerstücke.

Baujahr	1978-1981
Motor-Bauart	Sechszylinder (Reihe)
Hubraum (cm³)	3453
Leistung (PS/U/min)	277 bei 6500
Vmax in (km/h)	260
Bauart	Coupé

Baujahr	seit 2011
Motor-Bauart	Sechszylinder (Reihe)
Hubraum (cm³)	2979
Leistung (PS/U/min)	340 bei 5900
Vmax in (km/h)	250
Bauart	Limousine (2-türig)

BMW 1er M-Coupé

Schon immer sorgen große, leistungsstarke Motoren in kleinen Autos für besondere Fahrfreude. Das 2011 neu auf den Markt gekommene 1er M Coupé – wohlgemerkt nicht M1 genannt – bildet hier keine Ausnahme. Die schiere Kraft des Dreiliter-Twinturbo-Reihensechszylinders in der zierlichen Hülle des 1er Coupés macht das strapazierte Schlagwort Fahrdynamik hautnah erlebbar. Die zur Verfügung stehenden 340 PS sind mehr als genug für alle autofahrerischen Lebenslagen. Äußerlich kommt dieses explosive Package sehr dezent daher – nur der Kenner registriert auf den ersten Blick die verbreiterten Kotflügel, die seitlichen Luftauslässe und die spezielle Frontschürze.

Baujahr	1986-1991
Motor-Bauart	Vierzylinder (Reihe)
Hubraum (cm³)	2302
Leistung (PS/U/min)	195 bis 215 bei 6750
Vmax in (km/h)	240
Bauart	Limousine (2-türig), Cabriolet

BMW M3 (E30)

Schon von Weitem war der M3 zu erkennen: Dicke Kotflügelbacken und ein auffälliger Heckspoiler deuteten nicht nur an, wofür der neue Kraft-3er unter anderem auch gedacht war – er sollte als Basisfahrzeug für den internationalen Tourenwagensport dienen. Sein 2,3 Liter großer Vierzylinder war mit einem Vierventil-Zylinderkopf ausgerüstet, der dem kleinsten Spross der M-Modelle zu zwischen 195 und 200 PS verhalf. Auch sonst zeigte sich der M3 von seiner besten Seite: sportlich-komfortable Ausstattung, exzellente Fahreigenschaften und robuste Technik trotz ungewöhnlich hoher Leistungswerte.

BMW M3 (E36)

Einen Quantensprung markierte die Hochleistungsvariante M3 der E36-Serie, die 1992 auf den Markt kam. Anstelle des bisherigen Vierventil-Vierzylinders des E30-M3 fand sich nun ein satte 286 PS leistender Sechszylinder mit 24 Ventilen unter der Motorhaube. Das faszinierende Triebwerk verlieh dem mit einem optimierten Fahrwerk versehenen 3er die sprichwörtlichen Flügel. 1993 und 1994 gesellten sich erstmals eine viertürige Version bzw. wieder ein Cabrio hinzu. 1996 folgte dann schließlich noch eine Hubraumaufstockung auf 3,2 Liter samt entsprechender PS-Spritze auf nunmehr 321 Pferdestärken. Hier stand BMW nahezu allein auf weiter Flur.

Baujahr	1992-1999
Motor-Bauart	Sechszylinder (Reihe)
Hubraum (cm³)	2990, 3201
Leistung (PS/U/min)	286 bei 7000 bis 321 bei 7400
Vmax in (km/h)	250
Bauart	Limousine (2-türig), Limousine (4-türig), Cabriolet

Baujahr	2000-2006
Motor-Bauart	Sechszylinder (Reihe)
Hubraum (cm³)	3246
Leistung (PS/U/min)	343 bei 7900
Vmax in (km/h)	250
Bauart	Limousine (2-türig), Limousine (4-türig), Cabrio

BMW M3 (E46/2S)

Selbstverständlich verlangte auch die E46-Baureihe nach einem M3 und prompt wurde er im Jahr 2000 nachgereicht. Diesmal beschränkte sich BMW auf die gezielte Weiterentwicklung des im E36 verwirklichten Konzepts. Der 3,2-Liter-Reihensechszylinder war als echtes Hochdrehzahl-Triebwerk ausgelegt, mit einer Nenndrehzahl von 7900/min, bei denen 343 PS anlagen. Die Literleistung des 24-Ventilers lag bei deutlich über 100 PS – ein stolzer Wert für einen Saugmotor. In Kombination mit dem entsprechend aufgewerteten Fahrwerk waren Fahrwerte zu erreichen, die denen eines Porsche 911 nahe kamen. Interessierte Kunden konnten wie gewohnt den M3 auch als Cabrio ordern.

BMW M3 CSL (E46/2CS)

Eine besonders sportliche Version des ohnehin schon bärenstarken M3 brachte BMW 2003 in limitierter Auflage auf den Markt: den M3 CSL. Der legendäre Namenszusatz aus den 70er Jahren stand auch hier für „Coupé Sport Leichtbau". Der M3 zeigte sich dementsprechend nachgeschärft mit auf 360 PS gesteigerter Motorleistung und unter die 1400-Kilo-Marke gedrücktem Gewicht. Der Einsatz von Kohlefaserteilen und eine Reduktion von Komfortextras ließen den CSL zu einem echten Konkurrenten etwa für den Porsche 911 GT3 werden. Nach etwas über 1300 verkauften Exemplaren stellte BMW die Produktion des CSL ein.

Baujahr	2003-2007
Motor-Bauart	Sechszylinder (Reihe)
Hubraum (cm³)	3246
Leistung (PS/U/min)	360 bei 8000
Vmax in (km/h)	250
Bauart	Limousine (2-türig)

Baujahr	seit 2007
Motor-Bauart	V8
Hubraum (cm³)	3999
Leistung (PS/U/min)	420 bei 8300
Vmax in (km/h)	250
Bauart	Coupé, Limousine (4-türig), Cabriolet

BMW M3 (E92)

Die M3-Version der aktuellen 3er Reihe von BMW kam 2008 in gleich drei Varianten in den Verkauf: als Limousine, als Coupé und als Cabrio; Letzteres wartete mit einem faltbaren Blechdach auf wie auch die normalen 3er Cabrios der neuen Generation. Durch den Einsatz eines hochdrehenden Vierliter-V8-Motors stieg die Leistung des M3 auf stattliche 420 PS, zugleich bemühte sich BMW um eine Optimierung des Fahrzeuggewichts, das im Fall des zweitürigen Coupés doch immerhin 1655 Kilo betrug. Der Achtzylinder entspricht in seiner Konstruktion übrigens dem Hochleistungs-V10 des M5 der Baureihe E65.

BMW M3 GT RS (E92)

Der Nachfolger des M3 CSL der Baureihe E46 kam Ende 2009 unter dem neuen Namenszusatz GTS auf den Markt. Der Wagen war noch deutlich stärker auf die Erfordernisse eines Motorsporteinsatzes abgestimmt. Sein auf 4,4 Liter vergrößerter V8 stellte nun 450 PS zur Verfügung und das Gewicht war weiter auf 1530 Kilo abgespeckt worden. Von einer Serienproduktion im eigentlichen Sinne kann bei dieser hochspezialisierten M3-Version nicht mehr gesprochen werden: Die Fahrzeuge werden individuell auf Kundenbestellung bei der BMW Motorsport Manufaktur M GmbH gefertigt und anschließend per Einzelabnahme für den Straßenverkehr zugelassen.

Baujahr	seit 2009
Motor-Bauart	V8
Hubraum (cm³)	4361
Leistung (PS/U/min)	450 bei 8300
Vmax in (km/h)	305
Bauart	Coupé

Baujahr	1988-1995
Motor-Bauart	Sechszylinder (Reihe)
Hubraum (cm³)	3535, 3795
Leistung (PS/U/min)	315 bei 6900 bis 340 bei 6900
Vmax in (km/h)	235 bis 250
Bauart	Limousine (4-türig)

BMW M5 (E34)

Wem die Leistungsfähigkeit der normalen Triebwerkspalette der 5er Reihe nicht ausreichte, dem bot BMW ab 1988 die Hochleistungsversion M5 an. Sie war äußerlich nur mit Kennerblick von den Standardmodellen zu unterscheiden, verfügte aber über den zunächst 3,6, später 3,8 Liter großen 24-Ventil-Reihensechszylinder. Mit 315 bzw. 340 PS stellte diese M5-Generation bis Mitte der 90er Jahre das Topangebot in dieser Marktnische dar. Ähnlich konzipierte Sport-Modelle von Mercedes-Benz (AMG) und Audi (S/RS) zeigten sich deutlich weniger ausgewogen in ihren Talenten und konnten dem M5 nicht wirklich nahe kommen.

BMW M5 (E60)

Die M-Version der letzten 5er BMW Limousine erblickte 2005 das Licht der Welt. Inspiriert von der derzeitigen Formel-1-Technologie wurde ein hochdrehendes V10-Triebwerk in den Motorraum des mittelgroßen Viertürers gequetscht. Dieser Sportmotor reinsten Wassers verfügt über 5 Liter Hubraum und stellt beeindruckende 507 Pferdestärken bereit. Erkennbare, aber eher dezent gehaltene sportliche Akzente machen die Limousine zu einem Understatement-Mobil ersten Ranges, das seinen Fahrern mit der spezifischen Geräuschkulisse des hoch drehenden V10-Motors ständig eine Gänsehaut auf den Rücken zaubert.

Baujahr	2005-2011
Motor-Bauart	V10
Hubraum (cm³)	4999
Leistung (PS/U/min)	507 bei 7750
Vmax in (km/h)	250
Bauart	Limousine (4-türig)

Baujahr	seit 2011
Motor-Bauart	V8
Hubraum (cm³)	4395
Leistung (PS/U/min)	560 bei 7000
Vmax in (km/h)	250
Bauart	Limousine (4-türig)

BMW M5 (F10)

Mit der neuen M5-Generation von 2011 vollzieht BMW einen erneuten Wechsel der Triebwerksphilosophie. Nach dem Auslaufen des klassischen 24-V-Reihensechszylinders, zuletzt 340 PS stark, des darauf folgenden V8 mit 400 PS sowie des 507 PS starken V10-Motors, kommt im M5 nun ein weniger komplizierter, sparsamerer und erheblich drehmomentstärkerer, neu konstruierter TwinTurbo-V8 mit 560 PS zum Einsatz. Die damit möglichen Fahrleistungen des Viertürers gereichen selbst einem Supersportwagen zur Ehre. Nach Auslaufen des Audi RS6 hält BMW damit wieder die Leistungskrone in diesem Segment.

BMW M 635 CSi

Als Topmodell der klassischen 6er Baureihe brachte BMW den M 635 CSi im Jahr 1984 auf den Markt. Highlight dieses Modells war die Verwendung des 3,5 Liter großen 24-Ventil-Motors, der zuvor nur im Supersportwagen M1 eingesetzt worden war. Der zunächst 286 und später mit geregeltem Katalysator nur noch 260 PS starke Reihensechszylinder verlieh dem 2+2-sitzigen Coupé exzellente Fahrleistungen mit einer Höchstgeschwindigkeit von 255 km/h. Äußerlich gab sich der M 635 nur durch kleine Modifikationen zu erkennen, etwa andere Felgen und einen tiefer heruntergezogenen Frontspoiler.

Baujahr	1976-1989
Motor-Bauart	Sechszylinder (Reihe)
Hubraum (cm³)	3453
Leistung (PS/U/min)	286 bei 6500
Vmax in (km/h)	255
Bauart	Coupé

Baujahr	1988-1991
Motor-Bauart	Sechszylinder (Reihe)
Hubraum (cm³)	2494
Leistung (PS/U/min)	170 bei 5800
Vmax in (km/h)	220
Bauart	Roadster

BMW Z1

Das erste Z-Modell von BMW verursachte bei seiner Markteinführung 1988 eine wahre Kaufhysterie. Kein Wunder, war doch die technische Konzeption des bildhübschen Roadsters außergewöhnlich aufwendig. Unter der Kunststoffhaut nahm eine selbsttragende Stahlblechstruktur alle technischen Komponenten auf, darunter den 2,5 Liter großen Sechszylinder mit 170 PS. Witzig, aber recht unpraktisch waren die elektrisch versenkbaren Türen. Die anfängliche Begeisterung für den Z1 wich bald nüchterner Bewertung seiner Alltagstauglichkeit. Das Ergebnis war eine Produktionsdauer von nur knapp vier Jahren und 8000 hergestellte Exemplare.

Baujahr	1995-2002
Motor-Bauart	Vierzylinder (Reihe), Sechszylinder Reihe)
Hubraum (cm³)	1796 bis 3246
Leistung (PS/U/min)	115 bei 5500 bis 321 bei 7400
Vmax in (km/h)	190 bis 250
Bauart	Cabrio

BMW Z3

Mitte der 90er Jahre war die Wiederauferstehung des kompakten Cabrios bereits im vollen Gange. Inspiriert vom Mazda MX-5 hatten Firmen wie Fiat, MG, aber auch Mercedes-Benz attraktive offene Sportwagen in der Klasse um 2 Liter Hubraum im Angebot. 1996 stieß BMW mit dem in den USA produzierten Z3 dazu. Dessen Motorenpalette war wesentlich weiter gespreizt als bei den Konkurrenzprodukten: Vom 115 PS starken 1,8-Liter-Vierzylinder reichte sie über den 1996 eingeführten 2,8-Liter-Sechszylinder bis zum brachialen 3,2-Liter des Z3 M mit 321 PS.

Baujahr	1998-2002
Motor-Bauart	Sechszylinder (Reihe)
Hubraum (cm³)	3201, 3246
Leistung (PS/U/min)	321 bei 7400 bis 325 bei 7400
Vmax in (km/h)	250
Bauart	Coupé

BMW Z3 M Coupé

Das Z3 Coupé war ein ungewöhnliches Nischenprodukt neben dem erfolgreichen Roadster. Das knappe Platzangebot der offenen Version wurde durch das Coupéheck nicht nennenswert üppiger, der Alltagsnutzwert des Modells blieb deshalb bescheiden. Punkten konnte das Z3 Coupé – von den Fans liebevoll auch als „Elefantenrollschuh" bezeichnet – jedoch mit seiner knackigen Optik und im Fall der M-Version exzellenten Fahrleistungen, die dank der steiferen Karosse auch unproblematischer abgerufen werden konnten. Als eine Art moderner „Hot Rod" genießt das besonders dickbackige M Coupé bereits Kultstatus.

BMW Z8

Mit dem nur vier Jahre lang produzierten Supersportwagen Z8 gelang BMW ein echtes Meisterwerk, das heute ein ebenso teures wie gesuchtes Sammlerobjekt darstellt. Der im Jahr 2000 vorgestellte Z8 sollte an den legendären BMW 507 aus den 50er Jahren erinnern und begeisterte durch seine attraktive Optik außen wie innen. Motorisiert war er mit dem auf 400 PS gebrachten, knapp 5 Liter großen V8, der dem vergleichsweise leichtgewichtigen Z8 fabelhafte Fahrleistungswerte ermöglichte. Die handwerkliche Fertigung und die exklusive Spezifikation des Cabrios machten es zu einem Spielzeug für echte Besserverdiener: Bei Markteinführung waren für einen Z8 235.000 D-Mark zu berappen.

Baujahr	1999-2003
Motor-Bauart	V8
Hubraum (cm³)	4941
Leistung (PS/U/min)	400 bei 6600
Vmax in (km/h)	250
Bauart	Cabrio

Baujahr	2002-2009
Motor-Bauart	Vierzylinder (Reihe), Sechszylinder Reihe)
Hubraum (cm³)	1995, 2171, 2497, 2979, 2996
Leistung (PS/U/min)	150 bei 6200 bis 265 bei 6600
Vmax in (km/h)	210 bis 250
Bauart	Cabrio

BMW Z4 (E85)

Die Nachfolgebaureihe des Z3 zeigte sich deutlich erwachsener – aber auch kontroverser in der Formgebung, die sich an der umstrittenen BMW-Designlinie mit ihren Sicken und Kanten orientierte. Eine Offenbarung waren die Fahreigenschaften und natürlich die legendären Reihensechszylindermotoren. Als Einstiegsmodell fungierte ein Zweiliter-Vierzylinder mit 150 PS. Ab 2006 war auch vom Z4 eine Coupé-Version verfügbar, wie beim Vorgängermodell jedoch nur mit den beiden leistungsstärksten Sechszylindern, einem 265 PS starken Dreiliter und dem legendären 3,2 Liter großen M-Triebwerk.

BMW Z4 M Coupé (E85)

Das Vorgängermodell schien BMW so viel Freude gemacht zu haben, dass auch der Z4 Roadster eine Coupéversion zur Seite gestellt bekam. Die technischen Spezifikationen entsprachen wiederum den Offenvarianten. Mit seinem 343 PS starken Reihensechszylindermotor, der vom M3 übernommen wurde, bot vor allem die M-Version ein enormes Fahrleistungspotenzial. Das Z4 M Coupé war nur von 2006 bis 2008 auf dem Markt und die sehr kantige Linienführung hatte eine etwas spröde Ausstrahlung.

Baujahr	2006-2008
Motor-Bauart	Sechszylinder (Reihe)
Hubraum (cm³)	3246
Leistung (PS/U/min)	343 bei 7900
Vmax in (km/h)	250
Bauart	Coupé

BMW Z4 (E89)

Die aktuelle Z4-Generation E 89 ordnete die Angebotspalette der kompakten Sportwagen bei BMW neu. Statt Cabrio und Coupé gibt es jetzt nur noch eine Version mit versenkbarem Blechdach. Die Platzverhältnisse haben dadurch nicht wirklich gewonnen, aber die rundlichere, muskulösere Formgebung der zweiten Z4-Generation kommt ohne Frage besser beim Publikum an. Auch eine M-Version ist derzeit nicht geplant, was aber angesichts des Leistungspotenzials der Spitzenmotorisierung mit einem drei Liter großen Doppelturbo-Reihensechszylinder und 340 PS verschmerzbar ist.

Baujahr	seit 2009
Motor-Bauart	Vier- und Sechszylinder (Reihe)
Hubraum (cm³)	1997, 2497, 2979, 2996
Leistung (PS/U/min)	184 bei 6250 bis 340 bei 5900
Vmax in (km/h)	220 bis 250
Bauart	Coupé/Cabrio

M EA 46

BMW X6 M

Baujahr	seit 2009
Motor-Bauart	V8
Hubraum (cm³)	4395
Leistung (PS/U/min)	555 bei 6000
Vmax in (km/h)	250
Bauart	SUV

Seit die Automobilindustrie unablässig auf der Suche auch nach der kleinsten Marktlücke ist, sind wilde Crossover-Modelle wie der BMW X6 keine wirkliche Überraschung mehr. Bei dieser optischen Mixtur aus dem X5 und einem Sportcoupé fragt niemand nach den Offroad-Qualitäten des Wagens – alles ist nur noch ein Frage des Stils. Kombiniert mit einem 4,4 Liter großen Biturbo-V8 verfügt die M-Version über stolze 555 PS, die den X6 definitiv in das Segment der etwas anderen Top-Sportwagen katapultieren. Und ja, auch für solch unorthodoxe Fahrzeugkonzepte gibt es eine zahlungskräftige Käuferschaft.

Baujahr	1957-1961
Motor-Bauart	Vierzylinder (Reihe)
Hubraum (cm³)	1493
Leistung (PS/U/min)	75 bei 5200
Vmax in (km/h)	135 bis 150
Bauart	Coupé

Borgward Isabella Coupé

Noch eleganter als die Isabella-Limousinen präsentierte sich 1957 das Isabella Coupé. Mit etwas feminin wirkenden Schnörkeln und leichten Heckflossenansätzen versehen, begeisterte die Karosserie Liebhaber sportlich-komfortabler 2+2-Coupés. Technisch mit den Limousinen identisch, verlangte Borgward für seine Isabella im Trainingsanzug einen stattlichen Aufpreis von ca. 3000 Mark.

Colani GT

Der Berliner Designer Luigi Colani bot in der Vor-Buggy-Zeit dem Besitzer eines Käfer-Fahrgestells die Möglichkeit, für wenig Geld seinem brav motorisierten Untersatz eine ultraschnell aussehende Kunststoff-Karosserie überzustülpen. Schon damals liebte das Enfant terrible der deutschen Designerszene rundliche Formen, und so mancher Fan tat das auch – noch heute existieren verschiedentlich Exemplare dieser Spezies.

Baujahr	1964
Motor-Bauart	Vierzylinder (Boxer)
Hubraum (cm³)	div.
Leistung (PS/U/min)	div.
Vmax in (km/h)	n.a.
Bauart	Roadster

DKW 3=6 Monza

Baujahr	1956-1958
Motor-Bauart	Dreizylinder-Zweitaktmotor
Hubraum (cm³)	896, 981
Leistung (PS/U/min)	40 bei 4200 bis 50 bei 4500
Vmax in (km/h)	135 bis 150
Bauart	Coupé

Nach nur 155 gebauten Exemplaren war der Traum von einem Sportwagen auf DKW-Basis ausgeträumt. Auf private Initiative hatte die Kunststoff-Karosserie mit dem 900- bzw. 1000-cm³-Dreizylinder unter der Haube das Licht der Welt erblickt, der DKW-Kastenrahmen bot hierzu ideale Voraussetzungen. Leider gelang es nicht, besonders viele Enthusiasten zum Kauf eines der recht teuren Zweitakt-Sportler zu gewinnen. Nachdem sich drei verschiedene Karosserieherstellerfirmen mit wenig Erfolg um dessen Vermarktung gekümmert hatten, schlief das Projekt ein – kein Wunder, denn die Ingolstädter selbst boten Sportliches an.

Auto Union 1000 Sp

Der „T-Bird aus Ingolstadt" war ein gewagtes Experiment, das dann auch nicht besonders gut gelang. Aufregend modische Formen innen und außen wollten nicht so recht mit der kleinvolumigen Zweitaktmotorisierung harmonieren – 5 Mehr-PS rissen da auch nichts aus dem Feuer. Zu allem Überfluss mussten kaufwillige Freunde des schnittigen Coupés bzw. Cabriolets auch recht tief in die Tasche greifen. Die Folge: Nur gut 6500 produzierte Exemplare verließen die Werkshallen.

Baujahr	1958-1965
Motor-Bauart	Dreizylinder-Zweitaktmotor
Hubraum (cm³)	980
Leistung (PS/U/min)	55 bei 4500
Vmax in (km/h)	140
Bauart	Coupé, Cabriolet

DKW F 11, F 12, F 12 Roadster

Der modernisierte Junior-Nachfolger hieß DKW F 12. Mit dem zunächst 800, später 900 cm³ großen Dreizylinder-Zweitakter war der Fronttriebler akzeptabel motorisiert, wobei die schwächere Version dem nachgeschobenen, billigeren F 11 vorbehalten war. Heute besonders selten ist natürlich das Cabriomodell, das die DKW-Marketingstrategen kurzerhand zum „Roadster" erklärten. Das nach guter deutscher Tradition sehr üppig ausgefallene Verdeck hatte dabei aber so gar nichts von einem Roadster-üblichen „Fetzendach".

Baujahr	1963-1965
Motor-Bauart	Dreizylinder-Zweitaktmotor
Hubraum (cm³)	796, 889
Leistung (PS/U/min)	34 bei 4300 bis 45 bei 4500
Vmax in (km/h)	116 bis 128
Bauart	Limousine (2-türig), Cabriolet

FORD

OF FV 151

Baujahr	1967-1968
Motor-Bauart	V6
Hubraum (cm³)	2293
Leistung (PS/U/min)	108 bei 5100
Vmax in (km/h)	170
Bauart	Limousine (2-/4-türig)

Ford 20 M RS (P7a)

Dem Nachfolger des P5-17 M war nur ein kurzes Leben beschieden. Das dem Modetrend folgende, allerdings recht bemüht wirkende Hüftknick-Styling fand bei der potenziellen Käuferschaft kaum Gefallen. Heute sind nur noch einzelne überlebende Fahrzeuge in gutem Originalzustand zu finden, was speziell den Hardtop-Varianten in der attraktiven RS-Ausstattung echten Sammlerstatus verleiht. Mit 108 PS aus seinem neu ins Programm genommenen 2,3-Liter-V6 hinterließ ein 20 M RS 2300 S – so die komplette Typenbezeichnung – auf der linken Autobahnspur durchaus Eindruck.

Ford OSI 20 M Coupé, 20 M TS Coupé

Mitte der sechziger Jahre hatten auch Großserienhersteller wie Ford noch ein Herz fürs Besondere: Der als Designstudie im Jahre 1966 gezeigte OSI wurde wegen seiner gefälligen Optik kurzerhand in Produktion genommen und in Italien auf einem 20 M-Fahrgestell zusammengebaut. Ausgerüstet mit einem 2- oder 2,3-Liter-V6 aus Kölner Produktion machte das sportliche Coupé gewaltigen Eindruck – nicht zuletzt wegen seiner Innenraumgestaltung, wo italienischer Stil und üppige Verwendung von Edelholz für noble Atmosphäre sorgten.

Baujahr	1967-1968
Motor-Bauart	V6
Hubraum (cm³)	1998, 2293
Leistung (PS/U/min)	90 bei 5000 bis 108 bei 5100
Vmax in (km/h)	165 bis 175
Bauart	Coupé

Ford Escort RS (Serie I)

Der Escort im RS-Trimm war eine ernst zu nehmende Kompaktlimousine mit sportlichen Talenten. Ein Zweiliter-Vierzylinder-Reihenmotor aus amerikanischen Ford-Regalen sorgte im Zusammenspiel mit breiten Felgen, Sportsitzen und einer auffälligen Kriegsbemalung für jede Menge Fahrspaß. Die wenigen im Originalzustand erhaltenen RS werden von ihren stolzen Besitzern heute sorgsam gehütet.

Baujahr	1973-1974
Motor-Bauart	Vierzylinder (Reihe)
Hubraum (cm³)	1993
Leistung (PS/U/min)	100 bei 5700
Vmax in (km/h)	180
Bauart	Limousine (2-türig)

Baujahr	1975-1980
Motor-Bauart	Vierzylinder (Reihe)
Hubraum (cm³)	1993
Leistung (PS/U/min)	110 bei 5500
Vmax in (km/h)	178
Bauart	Limousine (2-türig)

Ford Escort RS 2000 (Serie II)

Im März 1975 wurde der letzte Kraft-Escort der Heckantriebsära der Öffentlichkeit vorgestellt. Das Konzept entsprach seinem Vorgänger: Fahrwerksmodifikationen, sportiv aufgemachtes Interieur, Zweiliter-Vierzylinder mit 110 PS. Neu war jedoch, dass es mit der aerodynamisch optimierten Front erstmals für das sportliche Spitzenmodell Karosserieretuschen gab und die auffällige Kriegsbemalung des alten Escort unter den Tisch fiel. So präsentierte sich ein erwachseneres und durchaus geschmackvolles Fahrzeug, das allerdings gelegentlich immer noch unter Zuverlässigkeitsmängeln des aus amerikanischen Beständen übernommenen Zweiliter-Vierzylinders litt.

Ford Escort XR/XR3i

Baujahr	1980-1986
Motor-Bauart	Vierzylinder (Reihe)
Hubraum (cm³)	1597
Leistung (PS/U/min)	105 bei 6000
Vmax in (km/h)	185
Bauart	Limousine (2-türig)

Ab Ende 1980 sorgte Ford mit einer endlich hochmodernen Escort-Generation für einen Befreiungsschlag. Die komplett neue Konstruktion verfügte über Frontantrieb und neue Vierzylinder-Triebwerke – darunter einen 1,6-Liter-Vergasermotor mit 96, später mit Benzineinspritzung dann 105 PS. Sie motorisierten die sportlich aufgemachten Escort-Spitzenmodelle XR3 (1980 bis 1982) bzw. XR3i (1982 bis 1986). Trotz aller fraglos vorhandenen Qualitäten dieser sportlichen Fahrzeuge gab es – ähnlich wie im Fall des Opel Kadett GTE – kein Vorbeikommen am Wolfsburger Wunderknaben Golf GTI, der als Gesamtpaket durchgängig die Messlatte darstellte.

Baujahr	1986-1990
Motor-Bauart	Vierzylinder (Reihe)
Hubraum (cm³)	1597
Leistung (PS/U/min)	132 bei 6000
Vmax in (km/h)	200
Bauart	Limousine (2-türig)

Ford Escort RS Turbo

Das erste tiefgreifende Facelift des Frontantriebs-Escort fand Anfang 1986 statt. Als sportliche Speerspitze und damit Nachfolger der XR3/XR3i-Modelle brachte Ford den RS Turbo heraus. Dessen 1,6 Liter großer Vierzylinder war durch eine moderne Bosch KE-Jetronic-Einspritzung sowie einen Turbolader auf stattliche 132 PS aufgeblasen worden. Äußerlich ließen üppige Kotflügelverbreiterungen, Schwellerleisten aus Kunststoff sowie Frontschürze und Heckspoiler keinen Zweifel an der Leistungsfähigkeit des RS Turbo. Leider entwickelten sich die Verkaufszahlen des Modells für Ford im Vergleich zu den XR-Modellen eher enttäuschend.

Ford Escort Cosworth

Baujahr	1992-1996
Motor-Bauart	Vierzylinder (Reihe)
Hubraum (cm³)	1993
Leistung (PS/U/min)	220 bei 6250
Vmax in (km/h)	220
Bauart	Limousine (2-türig)

Als Homologationsmodell für den Rallyesport verstand Ford den technisch aufwendigen Escort RS Cosworth, der von 1992 bis 1996 in den allgemeinen Verkauf kam. Mit einem eigens konstruierten Zweiliter-Vierzylinder-Turbomotor, der 220 PS leistete, und Allradantrieb hatte er technisch nichts mit den bürgerlichen Escort-Modellen zu tun. Erkennungsmerkmal des Cosworth war der riesige Heckflügel, den empfindsame Naturen aber auch abbestellen konnten – es blieb dann in Sachen Abtrieb bei einem noch recht dezenten Heckspoiler. Der Sport-Escort war nicht nur ein sehr taugliches Alltagsauto sondern sorgte auch im Rallyesport weltweit für Furore.

Ford Fiesta XR2

Baujahr	1984-1989
Motor-Bauart	Vierzylinder (Reihe)
Hubraum (cm³)	1597
Leistung (PS/U/min)	96 bei 5750
Vmax in (km/h)	180
Bauart	Limousine (3-türig)

Fords Millionenseller namens Fiesta teilte sich seit Mitte der 70er Jahre quasi den deutschen Markt in der Kleinwagenklasse mit dem VW Polo. Simpel in der Konstruktion, preiswert im Unterhalt und robust im Alltagseinsatz machte er sich viele Freunde und vor allem Freundinnen. Der Wechsel zur zweiten Generation im Jahr 1983 war indes nichts anderes als eine tiefer greifende Modellpflege mit leicht veränderter Karosserieoptik, neu gestaltetem Interieur, aber auch dem Einbau der neuen CVH-Motorengeneration, von der auch das Sportmodell XR2 profitierte. Der 1,6 Liter große Vierzylinder war zuvor auch im Escort XR3 eingesetzt worden. Die bereitgestellten 96 PS machten den kompakten Fiesta zu einem äußerst lebhaften Kleinwagen, der kaum Konkurrenten hatte.

Baujahr	1991-1994
Motor-Bauart	Vierzylinder (Reihe)
Hubraum (cm³)	1796
Leistung (PS/U/min)	130 bei 6200
Vmax in (km/h)	190
Bauart	Limousine (3-türig)

Ford Fiesta XR2i

1989 war auch der Fiesta endlich reif für den Sprung in die automobile Modernität. Im neuen Modell fanden sich so gut wie keine Komponenten, die noch im Vorgängermodell Dienst getan hatten. Neues Design, komplett neue Technik und erstmals auf Wunsch auch eine fünftürige Version schufen die Basis für eine weiterhin erfolgreiche Zukunft des Modells. Ford sah allerdings 1991 die Zeit gekommen, der Sportversion XR2i eine weitere Kraftspritze zu verpassen, die ihn an die Spitze dieses noch recht kleinen Marktsegments brachte. Der neu eingebaute Zetec-Vierzylinder glänzte mit einem Vierventilzylinderkopf und schöpfte aus 1,8 Litern Hubraum stramme 130 PS. Fords Kleinster katapultierte sich damit bis an die 200-km/h-Grenze heran.

Baujahr	2005-2008
Motor-Bauart	Vierzylinder (Reihe)
Hubraum (cm³)	1999
Leistung (PS/U/min)	150 bei 6000
Vmax in (km/h)	208
Bauart	Limousine (2-türig)

Ford Fiesta ST

Erstmals im Jahr 2005 bot Ford eine ernstzunehmende Sportversion seines Millionensellers Fiesta an. Sie nannte sich ST und verfügte neben entsprechender Innenausstattung und Streifenzier vor allem über den Zweiliter-Duratec-Vierzylinder mit 150 PS. Das relativ voluminöse Triebwerk kam in der kompakten Fiesta-Karosse naturgemäß noch besser zur Geltung als im größeren und schwereren Focus, was sich in hervorragenden Fahrleistungen niederschlug. Mit fast 210 km/h Spitze gehörte der Fiesta ST zu den schnellsten seiner Klasse. Ein komplett neu konstruierter Nachfolger auf Basis der aktuellen Fiesta-Generation ist in Planung.

Baujahr	1969-1973
Motor-Bauart	V4, Vierzylinder (Reihe), V6
Hubraum (cm³)	1288, 1293, 1498, 1592, 1699, 1998, 2293, 2550, 2637, 2993
Leistung (PS/U/min)	50 bei 5000 bis 138 bei 5600
Vmax in (km/h)	133 bis 205
Bauart	Coupé

Ford Capri (Serie I)

Ford besetzte mit einem weitsichtigen Konzept eine bisher in Europa für nicht existent gehaltene Marktlücke: die der sportlich aufgemachten Familiencoupés auf Limousinenbasis. Attraktive Designelemente gepaart mit einer maximale Individualität garantierenden Ausstattungs- und Motorisierungsvielfalt führten den Capri zum Erfolg. Ob mit 1300 cm³ Hubraum und 50 PS oder als Dreilieter-V6 mit 138 PS – der Capri überzeugte im Alltag wie auf der Rennpiste gleichermaßen.

Ford Capri RS 2600

Als sportliche Speerspitze im Capri-Programm präsentierte Ford im März 1970 den RS 2600. Dessen 2,6 Liter großer V6 basierte auf der zivilen Kölner 2,6-Liter-Maschine, war aber durch klassische Tuningmaßnahmen und vor allem den Einbau einer mechanischen Kugelfischer-Benzineinspritzung auf 150 PS gebracht worden. Das reichte aus um aus dem erleichterten RS einen ebenso knackigen wie bulligen Sportwagen zu machen, der auch die Basis für eine eindrucksvolle Motorsportkarriere des Capri bildete. Nach einer ersten Modellpflege blieb der RS – leicht facegeliftet – auch 1972/73 noch im Programm, bevor der Capri II ab 1974 das Zepter übernahm und das Abenteuer RS endete.

Baujahr	1970-1973
Motor-Bauart	V6
Hubraum (cm³)	2637
Leistung (PS/U/min)	150 bei 5800
Vmax in (km/h)	205
Bauart	Coupé

Ford Capri (Serie II)

Baujahr	1974-1978
Motor-Bauart	Vierzylinder (Reihe), V6
Hubraum (cm³)	1297, 1593, 1999, 2294, 2993
Leistung (PS/U/min)	54 bei 5500 bis 138 bei 5000
Vmax in (km/h)	140 bis 200
Bauart	Coupé

Für kurze Zeit bot Ford seinen Capri II, der eine Heckklappe nebst einer Reihe von Karosserieretuschen spendiert bekommen hatte, in einer luxuriösen Top-Version an. Ausgestattet mit beliebten Zutaten der frühen siebziger Jahre, wie Chrom, Velour und Holzimitationsfolie am Armaturenbrett überzeugte der GXL durch hervorragende Fahrleistungen. Der britische Essex-Dreiliter-V6 mit Heron-Brennräumen war zwar nicht immer verlässlich, glänzte aber mit Drehmomentstärke und sattem Sound.

Ford Capri (Serie III)

Als das Capri-Konzept endgültig von der moderneren Frontantriebs-Konkurrenz abgehängt worden war, blieb nur noch ein Modell übrig, das quasi die Quintessenz der Baureihe verkörperte: der 2,8i. Mit seinem 160-PS-Einspritzer-V6 und sportlichen Zutaten innen und außen war er sozusagen ein zivilisierter RS 2600.

Baujahr	1978-1987
Motor-Bauart	Vierzylinder (Reihe), V6
Hubraum (cm³)	1593, 1993, 1999, 2294, 2792, 2993
Leistung (PS/U/min)	72 bei 5500 bis 188 bei 5500
Vmax in (km/h)	150 bis 220
Bauart	Coupé

Ford Capri Turbo

Ford war immer für eine Überraschung gut: In der Tradition des legendären 2600 RS vom Anfang der siebziger Jahre legten die Kölner 1981 eine imposante Turboversion des Capri in auf 200 Exemplare limitierter Stückzahl auf. Mit dicken Kotflügelverbreiterungen und Doppelheckspoiler sowie Sportsitzen hinterließ dieses Sondermodell, das nur über die RS-Händlerschaft zu beziehen war und in den Werkstätten des Rennteams von Erich Zakowski auf Basis des 2,8-Liter-Einspritzmodells umgebaut wurde, großen Eindruck. Der lang bekannte V6 kam im Turbo allerdings in einer Vergaserversion zum Einsatz. Der Garrett-Turbolader entlockte dem Triebwerk dennoch 188 PS, die den Capri Turbo seinerzeit zu einem Hochleistungssportwagen machten.

Baujahr	1981-1983
Motor-Bauart	V6
Hubraum (cm³)	2792
Leistung (PS/U/min)	188 bei 5500
Vmax in (km/h)	220
Bauart	Coupé

Baujahr	1989-1997
Motor-Bauart	Vierzylinder (Reihe), V6
Hubraum (cm³)	1991, 2169, 2497, 2986
Leistung (PS/U/min)	420 bei 7800 bis 525 bei 8000
Vmax in (km/h)	190 bis 215
Bauart	Coupé

Ford Probe, 1., 2. Generation

Ursprünglich nur für den außereuropäischen Markt gedacht entstand der Probe jeweils auf Mazda-Bodengruppen und war als 2+2-sitziges Coupé konzipiert. Die Modelle der ersten Generation (1989-1992) waren als 2,2-Liter-Vierzylinder mit und ohne Turbolader sowie als Dreiliter-V6 erhältlich. Die in Deutschland angebotenen Fahrzeuge waren technisch nachgerüstete US-Versionen und ausschließlich mit dem turbogeladenen Vierzylinder versehen. Bei der zweiten Modellgeneration (1992-1997) verfolgte Ford die gleiche Strategie – erst ab 1994 wurden Fahrzeuge eigens für den deutschen Markt hergestellt. Diesmal konnten aber auch hiesige Kunden einen Sechszylindermotor ordern.

Baujahr	1983-1993
Motor-Bauart	V6
Hubraum (cm³)	2772
Leistung (PS/U/min)	150 bei 5700
Vmax in (km/h)	205
Bauart	Limousine (2-türig)

Ford Sierra XR 4i

Eigentlich war der Sierra alles andere als ein sportliches Auto. Dennoch versuchte Ford ihn in einer speziellen dreitürigen Version mit markantem Heckspoiler als Nachfolger der stärksten Capri-Modelle zu positionieren und flankierte diese Absicht mit durchaus erfolgreichen Motorsporteinsätzen. Für den ganz normalen Kunden war der mit einem 150 PS starken 2,8-Liter-V6 ausgerüstete XR4i jedoch kein besonders interessantes Angebot. Technisch antiquiert und in seinem Erscheinungsbild eher gewöhnungsbedürftig war er für die gut motorisierten Sportlimousinen von BMW und Mercedes-Benz keine Konkurrenz – ganz besonders nicht zu den verlangten Preisen.

Baujahr	2009-2010
Motor-Bauart	Fünfzylinder (Reihe)
Hubraum (cm³)	2521
Leistung (PS/U/min)	305 bei k.A.
Vmax in (km/h)	263
Bauart	Limousine (2-türig)

Ford Focus RS

Mit einem Kampfpreis von 33.900 Euro, der die Konkurrenz von Audi, BMW und VW ins Visier nahm, trat im Frühjahr 2009 der Focus RS ins Rampenlicht. Mit 305 PS stellte er die genannten Wettbewerber auch in Sachen Leistung klar in den Schatten. Auf Basis des ST-Modells hatte Ford die sportliche Akzentuierung nochmals erheblich nachgeschärft. Passend zum Fahrleistungspotenzial (Spitze laut Ford 263 km/h!) gab es üppige Kotflügelverbreiterungen mit fetten 235er-Reifen, eine überarbeitete Vorderachse sowie neue Front- und Heckschürzen. Auch der Innenraum zeigte sich mit stark profilierten Schalensitzen den gestiegenen Anforderungen gewachsen.

Ford Focus ST

Das sportliche Spitzenmodell der Focus-Baureihe hatte 2005 seine Marktpremiere und bekam den Beinamen ST. Es verfügte unter der Motorhaube exklusiv über den im Konzernverbund nur bei Volvo eingesetzten 2,5-Liter-Turbo-Fünfzylinder mit 225 PS. Dieser sehr ausgewogene Motor animierte jedoch eher zum Reisen als zum Rasen, was in gewissem Gegensatz zum betont sportlichen optischen Auftritt des ST stand. Trotz seiner 225 PS brachte dieses Triebwerk auch das mit hohen Reserven gesegnete Focus-Fahrwerk nicht an seine Grenzen. Fast könnte man sagen: der Focus ST war ein Schaf im Wolfspelz…

Baujahr	2005-2010
Motor-Bauart	Fünfzylinder (Reihe)
Hubraum (cm³)	2521
Leistung (PS/U/min)	225 bei k.A.
Vmax in (km/h)	230
Bauart	Limousine (2-türig)

Baujahr	2010
Motor-Bauart	Fünfzylinder (Reihe)
Hubraum (cm³)	2521
Leistung (PS/U/min)	350 bei k.A.
Vmax in (km/h)	250
Bauart	Limousine (2-türig)

Ford Focus RS 500

Ein gutes Stück aggressiver und leistungsstärker als der RS präsentierte sich 2010 der in einer limitierten Serie von nur 500 Exemplaren gefertigte Focus RS 500. Mit mattschwarzer Folierung der blechernen Außenhaut und schwarzen Felgen sowie markanten Lufteinlässen auf der Motorhaube ließ dieser stärkste jemals produzierte Focus keine Zweifel an seiner Bestimmung aufkommen. Ein nochmals um 4 cm verbreitertes Fahrwerk versuchte, die 350 an den Vorderrädern zerrenden PS im Zaum zu halten. Aus dem gutbürgerlichen Alltagsauto wurde auf diese Weise ein kompromissloser Hochleistungssportwagen reinsten Wassers.

RS

Baujahr	1957-1969
Motor-Bauart	Zweizylinder-Zweitaktmotor
Hubraum (cm³)	247, 296, 395
Leistung (PS/U/min)	13,6 bei 5400 bis 20,0 bei 5000
Vmax in (km/h)	84 bis 100
Bauart	Coupé

Goggomobil TS 250, TS 300, TS 400 Coupé

Der Bonsai-Ferrari aus Bayern zeigte innen und außen, dass man auch ein Mikroauto zum individuellen Coupé umfunktionieren kann. Die unverändert von den Limousinen übernommene Technik sicherte geringe Betriebs- und Unterhaltskosten. Was die erreichbaren Fahrleistungen anging, so kämpfte der Mini-Renner ab 90 km/h einen aussichtslosen Kampf gegen den Luftwiderstand…

Baujahr	1965-1968
Motor-Bauart	Vierzylinder (Reihe)
Hubraum (cm³)	1290
Leistung (PS/U/min)	60 bei 5000 bis 85 bei 5800
Vmax in (km/h)	140 bis 170
Bauart	Limousine (2-türig), Kombi (2-türig), Cabriolet

Glas 1004 TS, 1204 TS, 1304 TS Limousine und Cabriolet

Die spritzigen Glas-Maschinen erreichten Spitzenleistungen von 60 bis 85 PS, wobei speziell die starke „TS"-Version mit ihren kompakten Außenmaßen und sportlichen Fahrleistungen eine Art frühen „GTI" darstellte. Den ganz großen Durchbruch auf dem deutschen Automobilmarkt erreichten diese an sich sehr interessanten Fahrzeuge allerdings nie. Heute besonders gesucht: die Cabrio-Modelle.

Glas 1300 GT

Um ja kein Marktsegment ohne ein Glas-Modell zu belassen, schickten die Dingolfinger einen echten Sportwagen mit schicker Frua-Karosserie ins Rennen um die Gunst gut situierter Jungmänner. Technisch auf der 1304-Serie basierend, litt der GT ein wenig unter seinem kleinvolumigen Motor. Schlimmer war, dass der als Coupé und besonders attraktives Cabrio lieferbare Sport-Glas gegenüber der kompetenten Konkurrenz aus Italien und Großbritannien erheblich zu teuer angeboten wurde.

Baujahr	1964-1967
Motor-Bauart	Vierzylinder (Reihe)
Hubraum (cm³)	1290
Leistung (PS/U/min)	75 bei 5500 bis 85 bei 5800
Vmax in (km/h)	170 bis 174
Bauart	Coupé, Cabriolet

Glas 1700 GT

Der 1700 GT unterschied sich vor allem durch seinen größeren Motor vom Schwestermodell. 100 PS und 1,7 Liter Hubraum standen ihm vorteilhaft zu Gesicht. Außen deutete nur die Kraft verheißende Hutze auf der Motorhaube an, dass sich unter ihr Einiges mehr tat. Nach wie vor auch als Cabriolet lieferbar, schaffte der 1700 GT es nicht, allzu viele potenzielle Käufer von seinen Qualitäten zu überzeugen – heute genießt er als Klassiker dagegen hohes Renommée.

Baujahr	1965-1967
Motor-Bauart	Vierzylinder (Reihe)
Hubraum (cm³)	1682
Leistung (PS/U/min)	100 bei 5500
Vmax in (km/h)	183
Bauart	Coupé, Cabriolet

Glas V8 2600, Glas V8 3000, BMW V8 3000

Als wäre die riesige Modellpalette der kleinen Dingolfinger Firma nicht schon längst über den Kopf gewachsen, erachtete es die Glas-Chefetage noch für nötig, 1966 auch ein Luxuscoupé zu lancieren. Durch die Kopplung zweier 1300-cm³-Vierzylinder entstand deshalb ein V8-Triebwerk, das in einer attraktiven, ebenfalls von Frua gestalteten GT-Karosserie Platz fand. Detailschwächen verhinderten auch hier einen Markterfolg. Immerhin schien das Konzept den BMW-Oberen so zuzusagen, dass sie den Wagen, mittlerweile mit einem durchzugsstärkeren Dreilitermotor versehen, nach der Übernahme noch eine Weile anboten.

Baujahr	1966-1968
Motor-Bauart	V8
Hubraum (cm³)	2580, 2982
Leistung (PS/U/min)	150 bei 5600, 160 bei 5100
Vmax in (km/h)	195
Bauart	Coupé

Glas
V 8

Baujahr	1957-1958
Motor-Bauart	Vierzylinder (Boxer)
Hubraum (cm³)	1093
Leistung (PS/U/min)	40 bei 4200 bis 55 bei 5500
Vmax in (km/h)	125 bis 135
Bauart	Cabrio-Limousine, Coupé

Goliath 1100 Coupé und Cabriolet

Den Zeichen der Zeit konnte sich auch der Borgward-Konzern nicht entziehen. Ergebnis: Der Goliath-700-Nachfolger (seit 1958 als Hansa vermarktet) wirkte deutlich erwachsener, hatte einen völlig neu konstruierten Vierzylinder-Boxermotor aufzuweisen und brauchte sich in Raumangebot und Fahrleistungen nicht hinter der Konkurrenz zu verstecken. Gleichwohl litt der 1100 unter gewissen Zuverlässigkeitsproblemen, und Produktionsstückzahlen von nur rund 7000 Einheiten pro Jahr ließen das relativ aufwendig herzustellende Fahrzeug zu einem wirtschaftlichen Desaster werden.

Hansa 1100 Coupé

Gekonnte Karosserieretuschen verliehen der Coupé-Version des Hansa 1100 ein eigenständiges Äußeres. Der lange Hecküberhang mit leichten Flossenansätzen sowie das radikal verkleinerte Dach machten das Coupé zum idealen Flanierfahrzeug für die Dame des Hauses. Ein auf 55 PS leistungsgesteigerter Motor gab dem Modell ordentlich die Sporen. Das Coupé ist heute die gesuchteste Variante der Hansa-1100-Baureihe – und nur äußerst selten zu finden.

Baujahr	1958-1961
Motor-Bauart	Vierzylinder (Boxer)
Hubraum (cm³)	1093
Leistung (PS/U/min)	40 bei 4200 bis 55 bei 5500
Vmax in (km/h)	125 bis 135
Bauart	Coupé

Isdera Imperator 108i

Mehr als Fingerübung und Schaufenster für die eigene technische Kompetenz sind die hoch exklusiven Supersportwagen von Eberhard Schulz zu verstehen, die in kleinsten Stückzahlen seit den frühen 80er Jahren entstehen. Der Ingenieur übernimmt vornehmlich Entwicklungsaufträge für die Automobilindustrie, seine Leidenschaft gehört aber seinen extravaganten Isdera-Sportwagen. Erstes „in Serie" hergestelltes Modell war der Imperator 108i von 1983, der auf technischen Komponenten der Mercedes-Benz S-Klasse (W 126) basiert und von einem 5 bzw. 5,6 Liter großen V8 befeuert wird. Ein Juwel in der deutschen Sportwagenlandschaft, das mehr Aufmerksamkeit erregt als jeder italienische Exot.

Baujahr	seit 1983
Motor-Bauart	V8
Hubraum (cm³)	4973, 5547
Leistung (PS/U/min)	235 bei k.A. bis 365 bei k.A.
Vmax in (km/h)	250
Bauart	Coupé

Isdera Spyder 033i

Kompakter und schlanker kam der bereits 1982 präsentierte Spyder daher – ein verdeckloser zweisitziger Mittelmotor-Sportwagen, der anfangs von einem Golf-GTI-Motor angetrieben und später mit leistungsstärkeren Vier- und Sechszylindern von Mercedes-Benz ausgerüstet wurde. Spitzenmotorisierung war Mitte der 90er Jahre der 3,6-Liter-AMG-Reihensechszylinder mit 265 PS, der den windschlüpfigen Spyder 250 km/h schnell machte. Zu diesem Zeitpunkt endete auch die Fertigung. Wie bei allen Isdera-Fahrzeugen blieben auch hier die hergestellten Stückzahlen im niedrigen zweistelligen Bereich.

Baujahr	1982- ca. 1995
Motor-Bauart	Vier- und Sechszylinder (Reihe)
Hubraum (cm³)	1781, 2299, 2962, 3596
Leistung (PS/U/min)	136 bei 6200 bis 265 bei 6000
Vmax in (km/h)	220 bis 250
Bauart	Roadster

Baujahr	1956-1966
Motor-Bauart	Dreizylinder-Zweitaktmotor
Hubraum (cm³)	900, 992
Leistung (PS/U/min)	37 bei 4000 bis 45 bei 4200
Vmax in (km/h)	115 bis 125
Bauart	Cabriolet, Coupé

IFA Wartburg Cabrio und Reise-Coupé

In der Frühzeit nach dem Mauerbau ließen sich in der ehemaligen DDR tatsächlich noch vereinzelte Signale wahrnehmen, die sich um die Befriedigung des Bedürfnisses nach Individualität mühten. Die extravaganten Cabrio- und Hardtop-Versionen des Wartburg 311/312 waren ein solches. Sie zeigten ein gelungenes Design ihrer zweitürigen Karosserie und orientierten sich ganz offensichtlich an Vorbildern aus dem Westen.

IFA Wartburg Sport

Auf die Spitze hatten es die Eisenacher VEBler schon vor dem Mauerbau getrieben. 1957 präsentierten sie sogar einen attraktiven Zweisitzer, der gewisse optische Anleihen an amerikanischen Vorbildern nahm. Auf der vorhandenen Bodengruppe des 311 durften sich die Karosseriestilisten nach Herzenslust austoben, schließlich war nur Raum für zwei Passagiere zu schaffen. Der auf 50 PS getriebene Dreizylinder-Zweitakter, ein winziges Motörchen, dürfte unter der ellenlangen Motorhaube dabei kaum aufgefallen sein.

Baujahr	1957-1960
Motor-Bauart	Dreizylinder-Zweitaktmotor
Hubraum (cm³)	900
Leistung (PS/U/min)	50 bei 4500
Vmax in (km/h)	140
Bauart	Cabriolet

Baujahr	seit 1993
Motor-Bauart	Vierzylinder (Reihe)
Hubraum (cm³)	1998, 2198
Leistung (PS/U/min)	150 bei 6000 bis 284 bei k.A.
Vmax in (km/h)	210 bis 260
Bauart	Roadster

Irmscher 7

Eine Ikone des Sportwagenbaus ist seit 50 Jahren der Super Seven, einst im Original von Lotus produziert und später von Caterham weiterentwickelt und perfektioniert. Zahlreiche Nachbauten oder sollte man sagen Kopien dieser reinrassigen Fahrmaschine kamen im Lauf der Jahre auf den Markt – manche billig und schlecht, andere teuer und gut. Auch der Opel-Tuner Irmscher aus Winnenden bei Stuttgart bedient seit einigen Jahren diesen Markt. Freilich ist sein 7, der als Bausatz wie als Komplettfahrzeug erhältlich ist, ein höchst seriös gemachtes Qualitätsprodukt. Als Basis dienen Technikkomponenten aus dem Opel-Regal. Mit Motorleistungen von 150 bis 284 PS bei einem Fahrzeuggewicht von etwas über 750 kg bleiben keine Fragen offen.

Baujahr	1969-1980
Motor-Bauart	Dreizylinder-Zweitaktmotor
Hubraum (cm³)	993, 1100
Leistung (PS/U/min)	70 bis 90 bei 3500
Vmax in (km/h)	160 bis 175
Bauart	Coupé

Melkus RS 1000

Auch in der DDR gab es einen echten Sportwagen. 1969 stellt der Dresdener Rennfahrer und Konstrukteur Heinz Melkus den von ihm in Eigeninitiative konstruierten und gebauten RS 1000 vor. Der hübsche Flügeltürer übernahm die technische Basis des Wartburg 353 mit seinem Kastenrahmen und dem Dreizylinder-Zweitakter. Die Leistung des vor der Hinterachse platzierten Triebwerks wurde auf 70 PS gesteigert. Natürlich hatte Melkus seinem Mittelmotor-Renner Hinterradantrieb verpasst. Wer einen der schnell zum Kultauto des Ostens avancierten RS 1000 haben wollte, brauchte freilich exzellente Beziehungen und ein prall gefülltes DDR-Mark-Konto.

Melkus RS2000 GT/GTS

Sohn und Enkel des legendären, 2005 verstorbenen DDR-Sportwagen-Konstrukteurs Heinz Melkus realisierten 2009 ein ambitioniertes Sportwagenprojekt in Dresden. Der weniger als 1000 kg wiegende Melkus RS2000 zitierte die Lotus-Elise-Philosophie einer kompakten, leichten, leistungsstarken Mittelmotor-Fahrmaschine, ließ dabei aber Komfortaspekte und den Einsatz elektronischer Fahrhilfen keineswegs außer Betracht. Ein knapp 1,8 Liter großer Toyota-Vierzylinder mit Kompressor sorgte mit 270 PS für Kraft in allen Lebenslagen. Die aktuellen Modelle GT und GTS sind schon – mit 2 Litern Hubraum – bei 325 bzw. 375 PS angelangt – zu Preisen deutlich jenseits der 100.000-Euro-Grenze.

Baujahr	seit 2009
Motor-Bauart	Vierzylinder (Reihe)
Hubraum (cm³)	2000
Leistung (PS/U/min)	325 bei 6500 bis 375 bei 6500
Vmax in (km/h)	270 bis 300
Bauart	Coupé

MERCEDES-BENZ

6.3

Baujahr	1949-1951
Motor-Bauart	Vierzylinder (Reihe)
Hubraum (cm³)	1767
Leistung (PS/U/min)	52 bei k.A.
Vmax in (km/h)	120
Bauart	Cabriolet

Mercedes-Benz 170 S Cabriolet A

Von 1949 bis 1951 bildete der Mercedes 170 S sozusagen die Mittelklasse der bereits in der frühen Nachkriegszeit wieder edlen Modellpalette der Stuttgarter. Neben der üblichen Limousine gab es auch wieder Offenversionen, von denen das zweisitzige „A"-Modell die sportliche Ausführung darstellte. Der 1,8 Liter große Vierzylinder unter der auch seinerzeit schon recht antiquiert wirkenden Motorhaube war auf 52 PS leistungsgesteigert worden. Damit waren zwar keine Bäume auszureißen, aber wer ihn sich leisten konnte war in den ersten Jahren nach dem Krieg mit einem solchen Wagen auf den noch wenigen gut ausgebauten Straßen zügiger unterwegs als fast alle anderen.

Baujahr	1951-1955
Motor-Bauart	Sechszylinder (Reihe)
Hubraum (cm³)	2195
Leistung (PS/U/min)	80 bei 4850 bis 85 bei 4800
Vmax in (km/h)	145
Bauart	Cabriolet, Coupé

Mercedes-Benz 220 Coupé

Nur ganze 85 Exemplare dieses sportlich-eleganten Coupés verließen die Hallen der Daimler-Benz AG. Ab 1953 war es auf Basis des Cabriolet A für einen Verkaufspreis von knapp 21.000 DM ins Modellprogramm aufgenommen worden. Das hoch exklusive Fahrzeug verfügte über einen 2,2 Liter großen Reihensechszylinder, der zunächst 80 und ab Frühjahr 1954 85 PS zur Verfügung stellte. Damit hatte das 220er Coupé in Sachen Fahrleistungen allenfalls einige Porsche 356 und natürlich die absoluten Könige der Mercedes-Modellpalette zu fürchten, den herrschaftlichen 300 S und den Supersportwagen seiner Zeit, den 300 SL Flügeltürer.

Mercedes-Benz 300 S, 300 Sc

Das eigentliche Spitzenmodell der Mercedes-Typenpalette war der 300 S – und nicht der Flügeltüren-SL. Noch um Einiges teurer als dieser und natürlich glamouröser, glänzte der als Coupé und Cabrio erhältliche 300 S mit hoher Motorleistung (ab 1955 Benzineinspritzung und 175 PS) und vorbildlichem Komfort. Da der S auch noch seltener verkauft wurde als die SL-Modelle, kommt ihm heute ein besonderer Rang als Klassiker zu.

Baujahr	1952-1958
Motor-Bauart	Sechszylinder (Reihe)
Hubraum (cm³)	2996
Leistung (PS/U/min)	150 bei 5000 bis 175 bei 5400
Vmax in (km/h)	175 bis 185
Bauart	Cabriolet, Coupé, Roadster

Mercedes-Benz 300 SL Coupé

Der Flügeltürer war und ist die Inkarnation des deutschen Nachkriegs-Supersportwagens. Hochkarätige Technik und der unwiderstehliche Rennsport-Appeal machten das Flügeltüren-Coupé zu einer echten Legende. Besonders bequem und bedienungsfreundlich war er zwar nicht, und auch seine Fahreigenschaften sorgten mitunter für beschleunigten Pulsschlag hinter dem Volant, aber seine Ausstrahlung war stets unvergleichlich.

Baujahr	1954-1957
Motor-Bauart	Sechszylinder (Reihe)
Hubraum (cm³)	2996
Leistung (PS/U/min)	215 bei 5800
Vmax in (km/h)	235
Bauart	Coupé

Baujahr	1955-1963
Motor-Bauart	Vierzylinder (Reihe)
Hubraum (cm³)	1897
Leistung (PS/U/min)	105 bei 5700
Vmax in (km/h)	171
Bauart	Cabriolet

Mercedes-Benz 190 SL

Weniger als Straßensportwagen im klassischen Sinne, denn als angenehmes Reise-Cabriolet war der 190 SL zu sehen. Mit seinem leistungsgesteigerten 1,9-Liter-Motor und 105 PS schaffte er ganz ansehnliche Fahrleistungen, und auch seine Ausstattung ließ keine Wünsche offen, doch seine optische Anlehnung an den Vollblutsportwagen 300 SL schadete ihm mehr, als sie ihm nutzte. Dessen ganz spezielle Art der Ausstrahlung blieb dem 190 SL zeitlebens verwehrt.

Mercedes-Benz 220 S und 220 SE Cabriolet und Coupé (W 128)

Distinguiert, edel und komfortabel kommen die Coupés und Cabrios der oberen Mercedes-Mittelklasse der späteren 1950er Jahre daher. Holz, Leder und im Fall des Cabrios ein dick gepolstertes Verdeck vermitteln den Passagieren Geborgenheit. Die Leistung des alten Reihensechszylinders mit 2,2 Litern Hubraum reichte bis zu 115 PS im rar gebliebenen 220 SE mit Benzineinspritzung.

Baujahr	1956-1960
Motor-Bauart	Sechszylinder (Reihe)
Hubraum (cm³)	2195
Leistung (PS/U/min)	100 bei 4800, 115 bei 4800
Vmax in (km/h)	160
Bauart	Cabriolet, Coupé

Baujahr	1957-1963
Motor-Bauart	Sechszylinder (Reihe)
Hubraum (cm³)	2996
Leistung (PS/U/min)	215 bei 5800
Vmax in (km/h)	220 bis 250
Bauart	Cabriolet

Mercedes-Benz 300 SL Roadster

Der Roadster zeigte sich gegenüber dem Coupé als das etwas zivilisiertere Fahrzeug. Für besseren Einstiegskomfort sorgte ein abgeänderter Gitterrohrrahmen. Kurbelfenster und das perfekt sitzende Verdeck machten den Aufenthalt im SL auch für weniger komfortorientierte Insassen angenehm. Unter dem Blech sorgte eine modifizierte Hinterachse für ein berechenbareres Fahrverhalten – den großartigen Dreiliter-Reihensechszylinder mit Benzineinspritzung ließ man zum Glück so, wie er war.

Mercedes-Benz 220 SE, 250 SE, 280 SE Coupé und Cabriolet (W 111)

Wie üblich platzierte Daimler-Benz neben seine Mercedes-Limousinen auch eine darauf basierende Coupé- und Cabriolet-Baureihe. Formal geglättet und ohne Heckflossenansätze wusste die zeitlose Linienführung des 1961 präsentierten 220 SE Coupé auf Anhieb zu begeistern. Diese Fahrzeuge waren als vollwertige Viersitzer konzipiert und erschlossen damit einen breiteren Kundenkreis als die Vorgängermodelle. Die Motorleistungen stiegen mit den Hubräumen von 120 PS aus 2,2 Litern auf bis zu 160 PS aus 2,8 Litern Hubraum.

Baujahr	1961-1971
Motor-Bauart	Sechszylinder (Reihe)
Hubraum (cm^3)	2195, 2496, 2778
Leistung (PS/U/min)	120 bei 4800 bis 160 bei 5500
Vmax in (km/h)	172 bis 193
Bauart	Coupé, Cabriolet

Baujahr	1961-1965
Motor-Bauart	Sechszylinder (Reihe)
Hubraum (cm³)	2996
Leistung (PS/U/min)	160 bei 5000 bis 170 bei 5400
Vmax in (km/h)	175 bis 200
Bauart	Coupé, Cabriolet

Mercedes-Benz 300 SE Coupé und Cabriolet (W 112)

In Anlehnung an die Limousinen stellte auch bei den Coupé- bzw. Cabriolet-Modellen die 300er-Ausführung die Topversion dar. Alle technischen Besonderheiten der Viertürer fanden auch hier Verwendung. Heute sind die exquisiten 300er-Modelle, besonders in offener Form, äußerst begehrt, aber kaum noch zu finden.

Mercedes-Benz 230 SL, 250 SL, 280 SL

Nach den beiden Extremen 300 SL und 190 SL bekam die Roadster-Tradition der Untertürkheimer im Jahre 1963 eine neue Akzentsetzung. Mit dem 230 SL wurde ein klares, neues Modellkonzept geschaffen. Zeitlos-sportliche Formgebung, eine ausgereifte Verdeckkonstruktion, perfekt sitzendes Hardtop und stramme Motorisierung kennzeichneten das hier vorgestellte „Pagoden"-Modell. Der Spitzname rührt übrigens von der charakteristischen Form des Hardtopdach-Mittelteils her.

Baujahr	1963-1971
Motor-Bauart	Sechszylinder (Reihe)
Hubraum (cm³)	2281, 2496, 2778
Leistung (PS/U/min)	150 bei 5500 bis 170 bei 5750
Vmax in (km/h)	190 bis 200
Bauart	Cabriolet

Baujahr	1967-1972
Motor-Bauart	V8
Hubraum (cm³)	6330
Leistung (PS/U/min)	250 bei 4000
Vmax in (km/h)	221
Bauart	Limousine (4-türig)

Mercedes-Benz 300 SEL 6.3

Angesichts der damaligen Modellpalette der Daimler-Benz AG erschien der legendäre 6,3er ein wenig wunderlich. Hier hatte man es weniger mit einer lautlos gleitenden Komfortlimousine als mit einem unerwartet rauen PS- und Drehmomentmonster zu tun, das auf der linken Autobahnspur bei so manchen Porsche-Fahrern für alptraumhafte Erfahrungen sorgte. Auf dem verlängerten Radstand der damaligen Oberklasse-Limousinenbaureihe W 108 bot der 6,3 wahrlich sportwagenmäßige Leistungsdaten und erwies sich sogar als vergleichsweise fahraktiv. Dafür sorgten der aus dem 600er übernommene riesige 6,3-Liter-Einspritz-V8, der 250 bestens im Futter stehende PS von der Leine ließ, sowie ein souveränes Fahrwerk mit Luftfederung.

Baujahr	1968-1976
Motor-Bauart	Sechszylinder (Reihe)
Hubraum (cm³)	2496, 2778, 2746
Leistung (PS/U/min)	130 bei 5000 bis 185 bei 6000
Vmax in (km/h)	175 bis 200
Bauart	Coupé

Mercedes-Benz 250 C, 250 CE, 280 C, 280 CE (C 114, „Strich-8")

Die Coupé-Modelle der Mercedes-Mittelklasse-Baureihe waren nur mit sechs Zylindern zu haben. Richtig attraktiv wurden sie dadurch aber auch nicht: Das formal wenig gelungene Dach wirkt unorganisch angesetzt und sorgte kaum für den angestrebten sportlichen Touch. Dafür verlangte Daimler-Benz aber einen satten Preiszuschlag für die C/CE-Modelle, ohne dass sich an der Technik gegenüber den Limousinen etwas getan hatte.

Mercedes-Benz 280 SL, 300 SL, 350 SL, 380 SL, 420 SL, 450 SL, 500 SL, 560 SL (R 107)

Als Nachfolger der „Pagoden"-Modelle hatten die neuen Roadster großen Markterfolg, obwohl sie rein äußerlich die Leichtigkeit der Linienführung der älteren Baureihe verloren hatten. Gleichwohl waren sie technisch erheblich verfeinert und rundum modernisiert worden. Vor allem die Einführung der V8-Maschine mit zunächst 3,5, später sogar mit bis zu 5,6 Litern Hubraum brachte auch neue Fahrleistungsdimensionen. Bis zum Herbst 1989 wurden die alten Roadster ständig modellgepflegt und repräsentierten noch durchaus zeitgemäßen technischen Standard – selbst nach fast 20 Jahren Bauzeit.

Baujahr	1971-1989
Motor-Bauart	Sechszylinder (Reihe), V8
Hubraum (cm³)	2746, 3499, 3818, 4196, 4520, 4973, 5547
Leistung (PS/U/min)	177 bei 6000 bis 240 bei 4750
Vmax in (km/h)	205 bis 225
Bauart	Cabriolet

Baujahr	1971-1981
Motor-Bauart	Sechszylinder (Reihe), V8
Hubraum (cm³)	2746, 3499, 3818, 3839, 4520, 5025
Leistung (PS/U/min)	177 bei 6000 bis 240 bei 5000
Vmax in (km/h)	205 bis 225
Bauart	Coupé

Mercedes-Benz 280 SLC, 350 SLC, 380 SLC, 450 SLC, 450 SLC 5.0, 500 SLC (C 107)

Als es noch nicht die von den Limousinen abgeleiteten zweitürigen SEC-Modelle gab, musste sich der Freund großer Coupés mit den auf Roadster-Basis konzipierten SLC-Typen begnügen. Optisch trotz mancher Kunstgriffe nicht ganz befriedigend ausgefallen, verbanden die SLC doch Komfort und Sportlichkeit in gekonnter Manier. Besonders selten und als Klassiker gesucht: der 450 SLC 5.0 mit bärenstarkem 5-Liter-V8 und Heckspoiler, der Mercedes-Benz auch für einige Ausflüge auf Rallyepfade diente.

Mercedes-Benz 230 C, 230 CE, 280 C, 280 CE (C 123)

Deutlich hübscher als die Vorgängermodelle der Strich-8-Serie gerieten die Coupés der W 123-Baureihe. Mit niedrigerer Dachlinie, feinerer Ausstattung mit Wurzelholzarmaturenbrett und voll versenkbaren Seitenscheiben sprach es erheblich mehr Käufer an und wurde zu einem echten Markterfolg. Lieferbar waren die Coupés nur mit dem modernen 2,3-Liter-Vierzylinder oder dem 2,8 Liter großen Sechszylinder. Beide Triebwerke gab es jeweils mit oder ohne Benzineinspritzung. Bis heute vermögen gut gepflegte Exemplare zahlreiche Betrachter in ihren Bann zu ziehen.

Baujahr	1977-1985
Motor-Bauart	Vierzylinder (Reihe), Sechszylinder (Reihe)
Hubraum (cm³)	2299, 2307, 2746
Leistung (PS/U/min)	109 bei 4800 bis 185 bei 5800
Vmax in (km/h)	170 bis 200
Bauart	Coupé

Baujahr	1969-1979
Motor-Bauart	Wankel, Fünfzylinder (Reihe), V8
Hubraum (cm³)	4 x 600, 2998, 4973
Leistung (PS/U/min)	190 bei k.A. bis 500 bei k.A.
Vmax in (km/h)	250 bis 330
Bauart	Coupé

Mercedes-Benz C 111

Bis heute strahlt der Ruhm dieses Supersportwagens von Mercedes-Benz nach, der 1969 erstmals auf der Bildfläche erschien, obwohl dieser Typ nie über den Status eines Experimentalfahrzeugs hinaus kam. Zunächst mit einem – damals zukunftsträchtigen – Wankelmotor sowie einer hoch attraktiven Sportwagenkarosserie ausgerüstet, begeisterte das Mittelmotorauto das Publikum und manch zahlungskräftiger Mercedes-Kunde hoffte auf eine Kleinserienproduktion – vergeblich. Auch in seinen drei weiteren, zum Teil tiefgreifend veränderten Versionen blieb der C 111 stets Versuchsträger.

Baujahr	1991
Motor-Bauart	V12
Hubraum (cm³)	5987
Leistung (PS/U/min)	408 bei 5200
Vmax in (km/h)	250
Bauart	Coupé

Mercedes-Benz C112

Einen ähnlichen Hintergrund wie sein nomineller Vorgänger, der C 111, hatte der C 112, der 1991 der Öffentlichkeit vorgestellt wurde. Im Kleid eines Hochleistungs-Mittelmotorportwagens präsentierte sich dieser ebenfalls als Versuchsträger, hier nun für aerodynamische Forschungsarbeiten und Elektronikkomponenten. Ausgerüstet war der C 112 mit dem Sechsliter-V12 aus dem Roadster 600 SL mit rund 400 PS. Auch damals zückten liquide Enthusiasten sofort die Scheckbücher, um einen C 112 zu bestellen, doch wiederum entschied die Unternehmensleitung, das Fahrzeug nicht serienmäßig aufzulegen.

Mercedes-Benz 190 E 2.3-16

Mit der 190er Baureihe hatte Mercedes-Benz im Zeichen des in den frühen achtziger Jahren wieder erwachenden Sportsgeistes der Marke eine ideale technische Basis. Der auf 2,3 Liter vergrößerte Vierzylinder des neuen Sportmodells bekam neben anderen Verbesserungen einen leistungsfördernden Vierventil-Zylinderkopf; einige Kunststoffanbauteile inklusive auffälligem Heckspoiler sowie eine sportive Innenausstattung rundeten das ungewöhnlich attraktive Paket ab. Der 2.3-16 mit seinen 185 PS gab der Marke – nicht zuletzt durch seine späteren Auftritte im Rahmen der boomenden Deutschen Tourenwagen-Meisterschaft (DTM) – einen enormen Imageschub, von der sie bis heute profitiert.

Baujahr	1983-1988
Motor-Bauart	Vierzylinder (Reihe)
Hubraum (cm³)	2299
Leistung (PS/U/min)	170 bei 5800 bis 185 bis 6200
Vmax in (km/h)	220 bis 230
Bauart	Limousine (4-türig)

Mercedes-Benz 190 E 2.5-16 Evo

Ab etwa Mitte der 1980er Jahre engagierte sich Mercedes-Benz wieder verstärkt im Motorsport. Hauptaugenmerk lag zunächst auf der Deutschen Tourenwagen Meisterschaft (DTM) mit dem seinerzeit aktuellen 190er. Um an dieser publikumsträchtigen Rennserie teilnehmen zu können, musste zuerst ein adäquates Fahrzeug serienmäßig in einer gewissen Stückzahl hergestellt werden. Als erste Evolutionsstufe dieses 190 E 2.5 mit 16-Ventil-Vierzylinder und 195 PS startete der 190 E 2.5-16 Evo ab Frühjahr 1989 durch – eine auf die Erfordernisse des Motorsports stärker abgestimmte Version mit aerodynamischen Optimierungen und veränderten Radhäusern.

Baujahr	1989
Motor-Bauart	Vierzylinder (Reihe)
Hubraum (cm³)	2463
Leistung (PS/U/min)	195 bei 6800 bis 204 bei 6750
Vmax in (km/h)	225
Bauart	Limousine (4-türig)

Baujahr	1990
Motor-Bauart	Vierzylinder (Reihe)
Hubraum (cm³)	2463
Leistung (PS/U/min)	235 bei 7200
Vmax in (km/h)	240
Bauart	Limousine (4-türig)

Mercedes-Benz 190 E 2.5-16 Evo II

Die zweite Evolutionsstufe des 190 E 2.5 zündete Mercedes-Benz von Mai bis Juli 1990 als in limitierter Auflage der Evo II gefertigt wurde. Schon von außen ließ er wissen, dass er es ernst meinte mit dem motorsportlichen Einsatz. Ein monströser Heckflügel und üppige Kotflügelverbreiterungen sowie eine Leistungssteigerung auf 235 PS aus dem 2,5 Liter großen Sechzehnventil-Vierzylinder markierten den Höhepunkt der 190er Entwicklung. In der DTM-Saison 1992 zahlten sich die ganzen Bemühungen von Mercedes-Benz aus: mit dem Evo II dominierte man die Meisterschaft nach Belieben und sicherte sich überlegen den Titel.

Mercedes-Benz 230 CE, 300 CE, 300 CE-24, E 200, E 220, E 320 Coupé (C 124)

Baujahr	1987-1996
Motor-Bauart	Vierzylinder (Reihe), Sechszylinder (Reihe)
Hubraum (cm³)	2199, 2962, 3199
Leistung (PS/U/min)	136 bei 5100 bis 220 bei 5500
Vmax in (km/h)	203 bis 235
Bauart	Coupé

Einer Tradition folgend, die 1968 mit den Coupés der Baureihe „/8" bzw. C 114 begonnen hatte, brachte Mercedes-Benz 1987 auch eine Coupé-Variante der seinerzeit aktuellen Mittelklasse-Baureihe W 124 auf den Markt. Die ausgesprochen harmonisch gestalteten, vier Insassen Platz bietenden Zweitürer waren zunächst nur mit dem 2,3-Liter-Vierzylinder-Einspritzmotor und dem Dreiliter-Reihensechszylinder lieferbar. Mit dem Facelift im Jahr 1993 kam eine neue Motorengeneration mit 2,2 Litern Hubraum als Vierzylinder bzw. 3,2 Litern als Sechszylinder zum Einsatz. Die Typenbezeichnung hatte sich im gleichen Zug geändert: Man sprach nun vom E-Klasse Coupé.

Mercedes-Benz 500 E (W 124)

Seit ungefähr Mitte der achtziger Jahre war auch für Mercedes-Benz der Typus des sportlichen Hochleistungsautomobils nicht mehr tabu, zumal die Konkurrenz aus München und Ingolstadt ebenfalls in dieser kleinen aber feinen Marktnische unterwegs war. So beschloss man in Untertürkheim, die gutbürgerliche gehobene Mittelklasse der Baureihe W 124 mit einem extrem leistungsfähigen Spitzenmodell für eine ausgesuchte Kundschaft zu krönen. Der 500 E war mit dem zunächst 326, später 320 PS starken Fünfliter-V8 aus der S-Klasse bzw. den SL-Modellen ausgerüstet. Außer leicht ausgestellten vorderen Kotflügeln war der 500 E nicht von seinen Brüdern zu unterscheiden. Immerhin rund 10.500 Fahrzeuge des bei Porsche gefertigten Understatement-Renners ließen sich in rund drei Jahren absetzen.

Baujahr	1991-1993
Motor-Bauart	V8
Hubraum (cm³)	4973
Leistung (PS/U/min)	326 bei 5700, 320 bei 5600
Vmax in (km/h)	250
Bauart	Limousine (4-türig)

Mercedes-Benz 380 SEC, 420 SEC, 500 SEC, 560 SEC (C 126)

Neue Maßstäbe in Sachen sportlich-komfortabler Eleganz setzte ab 1981 die Coupéversion der bereits zwei Jahre früher auf den Markt gebrachten neuen S-Klasse-Baureihe W 126. Fließende Linien und voll versenkbare Seitenscheiben ohne B-Säule machen ihren Auftritt bis heute außergewöhnlich. Nur zum Teil von den Limousinen übernommen wurde die Motorenpalette, die ausschließlich Achtzylindertriebwerke vorsah: von 1981 bis 1985 zunächst mit 3,8 und 5 Litern Hubraum, von 1985 bis 1991, nach dem Facelift, mit 4,2, 5 und 5,6 Litern Hubraum. Das Leistungsspektrum reichte von 204 bis 300 (ohne) bzw. 279 PS (mit Katalysator).

Baujahr	1981-1991
Motor-Bauart	V8
Hubraum (cm³)	3818, 3839, 4196, 4973, 5547
Leistung (PS/U/min)	218 bei 5500 bis 300 bei 5200
Vmax in (km/h)	210 bis 245
Bauart	Coupé

Mercedes-Benz 500 SEC, 600 SEC; S 420 Coupé, S 500 Coupé, S 600 Coupé; CL 420, CL 500, CL 600 (C 140)

Baujahr	1992-1998
Motor-Bauart	V8, V12
Hubraum (cm³)	4196 bis 5987
Leistung (PS/U/min)	279 bei 5700 bis 394 bei 5200
Vmax in (km/h)	250
Bauart	Coupé

Wie schon der ein wenig aus den Fugen geratenen S-Klasse Limousine der Baureihe W 140 gelang es auch dem 1992 präsentierten, darauf basierenden Top-Coupé nicht, die Herzen der Mercedes-Freunde im Sturm zu erobern. Zwar gefiel die sportlich angehauchte Linienführung deutlich besser, aber auch das Coupé war vielen zu üppig um die Hüften und in seiner Ausstrahlung zu dominant. Natürlich standen die technischen Qualitäten des Coupés und seine Fähigkeiten völlig außer Frage, aber Mercedes-Benz erhielt von der potenziellen Kundschaft eine deutliche Quittung. Das nur mit V8- und V12-Motorisierung angebotene teuerste Fahrzeug der Modellpalette verkaufte sich insgesamt weniger als halb so oft wie sein heiß geliebter Vorgänger.

Mercedes-Benz CLK GTR

Mit dem Kernziel, das prestigeträchtige 24-Stunden-Rennen von Le Mans zu gewinnen konzipierte AMG in Konkurrenz zum Porsche 911 GT1 und zum McLaren F1 einen waschechten GT-Rennwagen, von dem reglementbedingt 1998/99 auch einige straßenzugelassene Exemplare gefertigt wurden. Mit dem CLK Coupé der Serie hatte diese Version jedoch quasi nichts mehr zu tun. In den ultraflachen Renner mit Kohlefaser-Chassis war ein auf 6,9 Liter aufgebohrter V12-Motor mit 612 PS eingebaut, der den CLK GTR über 320 km/h schnell machte. Insgesamt wurden 25 Exemplare dieses Fahrzeugs bei AMG gebaut.

Baujahr	1997
Motor-Bauart	V12
Hubraum (cm³)	6898
Leistung (PS/U/min)	612 bei 6800
Vmax in (km/h)	320
Bauart	Coupé, Roadster

Baujahr	seit 2010
Motor-Bauart	Vierzylinder (Reihe), V6, V8
Hubraum (cm³)	1796, 2143, 2987, 3498, 4663, 5461
Leistung (PS/U/min)	170 bei 4200 bis 408 bei 5250
Vmax in (km/h)	220 bis 250
Bauart	Cabrio

Mercedes-Benz E-Klasse Cabrio (A 207)

Ganz nach Mercedes-Tradition eher komfortabel und entspannend zu fahren präsentierte sich 2010 das neue viersitzige Cabrio der E-Klasse. Wie stets setzte Mercedes-Benz auch bei diesen Fahrzeugen wieder neue technische Standards in Sachen Sicherheit und Emissionsreduzierung. Zudem blieb man dem Trend zu faltbaren Blechdächern zum Trotz beim vergleichsweise platzsparenden Konzept eines echten Stofffaltdachs. Das Leistungsspektrum der angebotenen Vier-, Sechs- und Achtzylindermotoren reichte von 184 bis 408 PS, sportliche Fahrleistungen waren damit garantiert.

Mercedes-Benz E-Klasse Coupé (C 207)

Ein Jahr früher als das Cabrio brachte Mercedes-Benz bereits die neue Generation der E-Klasse-Coupés auf den Markt. Mit moderner Linienführung und optimierter Aerodynamik (cw-Wert 0,24) beanspruchte das Coupé den Titel als strömungsgünstigstes Serienfahrzeug der Welt für sich. Kompakt und leistungsfähig deckte die Benzinmotorenpalette der Baureihe C 207 alle Leistungswünsche ab: Vom turbogeladenen Vierzylinder mit 184 und 204 PS, über V6-Saugmotoren mit 252 und 292 PS bis hin zum V8 in Saugversion mit 388 PS sowie in Biturbo-Version mit 408 PS. Ergänzt wurde das Motorenprogramm durch Vier- und Sechszylinder-Dieseltriebwerke mit zwischen 170 und 265 PS.

Baujahr	seit 2009
Motor-Bauart	Vierzylinder (Reihe), V6, V8
Hubraum (cm³)	1796, 2143, 2987, 3498, 4663, 5461
Leistung (PS/U/min)	170 bei 4200 bis 408 bei 5250
Vmax in (km/h)	230 bis 250
Bauart	Coupé

Mercedes-Benz CLK 55 AMG (C 208)

1997 richtete Mercedes-Benz seine mittelgroße Coupé-Baureihe neu aus. Basierten Coupé und Cabrio der vorhergehenden 124er Baureihe noch auf der entsprechenden Limousine, so nutzte man für den CLK die Plattform der kleineren C-Klasse-Modelle. Das äußere Erscheinungsbild des neuen Coupés wurde zwiespältig beurteilt. Auch eine tiefgreifende Modellpflege im Jahr 1999 konnte daran nichts ändern. Zudem hatte Mercedes-Benz in dieser Zeit auch mit gewissen Qualitätsproblemen zu kämpfen. Sportliches Topmodell war der ebenfalls seit 1999 lieferbare CLK 55 AMG, dessen 5,5-Liter-V8 das mittelgroße Coupé gehörig unter Dampf setzte.

Baujahr	1999-2003
Motor-Bauart	V8
Hubraum (cm³)	5439
Leistung (PS/U/min)	347 bei 5500
Vmax in (km/h)	250
Bauart	Coupé

Mercedes-Benz CLK 55 AMG (C 209)

Die fast knapp 370 PS starke AMG-Version des CLK (Baureihe C 209) war von 2002 bis 2006 im Programm. Mit ihrem Stofffaltdach hatte sie in Sachen Aerodynamik gegenüber dem Coupé leichte Nachteile, was sich bei Fahrleistungen und Verbrauch in geringfügig schlechteren Werten niederschlug. Als extrem leistungsstarkes viersitziges Cabrio teilte sich der CLK 55 AMG seine sehr enge Marktnische mit nur wenigen Konkurrenten, z.B. dem im gleichen Zeitraum angebotenen Audi S4 Cabrio mit Allradantrieb.

Baujahr	2002-2006
Motor-Bauart	V8
Hubraum (cm³)	5439
Leistung (PS/U/min)	367 bei 5750
Vmax in (km/h)	250
Bauart	Cabrio

Baujahr	2004
Motor-Bauart	V8
Hubraum (cm³)	5439
Leistung (PS/U/min)	582 bei 6100
Vmax in (km/h)	320
Bauart	Coupé, Cabrio

Mercedes-Benz CLK DTM AMG

Reichlich dramatisch war der Auftritt des 2004 in limitierter Auflage als Sondermodell vorgestellten CLK DTM AMG. Nur insgesamt 200 Exemplare dieses extremen Fahrzeugs, 100 Coupés und 100 Cabrios, wurden bei AMG gefertigt. Motorisiert war der CLK DTM AMG mit dem bekannten 5,5-Liter-V8, der hier jedoch mittels eines Kompressors auf 582 PS gebracht wurde. Von außen stachen vor allem die voluminösen Kotflügelverbreiterungen mit Lufteinlässen sowie die riesigen Räder ins Auge. Von seiner technischen Grundauslegung hatte der CLK DTM AMG jedoch nichts mit dem echten DTM-Auto zu tun, er basierte auf dem Serien-CLK.

Mercedes-Benz C 63 AMG

Das brandneue C-Klasse Coupé wird nach einer Intensivbehandlung durch AMG zu einem Kraftpaket, das seinesgleichen sucht. Der C 63 AMG genannte Zweitürer wird einer Totaloperation unterzogen, in deren Verlauf ein tatsächlich 6208 cm^3 messender V8-Saugmotor unter die Haube transplantiert wird. Der schüttelt 457 PS quasi aus dem Ärmel und verschafft dem recht kompakten Coupé Fahrleistungen, die sonst nur Spitzensportwagen bieten. Wie bei AMG Fahrzeugen üblich bleibt der optische Auftritt dieser Rakete recht dezent, üppigeres Spoilerwerk und Vierrohr-Auspuffanlage sind auf den ersten Blick die einzigen Erkennungszeichen.

Baujahr	seit 2011
Motor-Bauart	V8
Hubraum (cm^3)	6208
Leistung (PS/U/min)	457 bei 6800
Vmax in (km/h)	250
Bauart	Coupé

Baujahr	1996-2004
Motor-Bauart	Vierzylinder (Reihe), V6
Hubraum (cm³)	1998 bis 3199
Leistung (PS/U/min)	136 bei 5500 bis 218 bei 5700
Vmax in (km/h)	205 bis 230
Bauart	Cabrio

Mercedes-Benz SLK (R 170)

1996 begeisterte Mercedes-Benz die Automobilwelt mit einem ganz neuen Sportwagenkonzept. Das seinerzeit boomende Segment der Mittelklasse-Cabriolets wurde durch eine ganz neue Spielart des offenen Autos durcheinander gewirbelt. Der neue SLK besaß als Top-Innovation ein elektrisch versenkbares Blech-Hardtop. Er kombinierte damit die Vorteile von Cabrio und Coupé – allerdings auf Kosten des auf ein Minimum reduzierten Kofferraumvolumens bei herunter geklapptem Dach. Dennoch wurde der zunächst ausschließlich mit Vierzylinder-Triebwerken lieferbare SLK ein Riesenerfolg. Mittlerweile hat eine Vielzahl von Herstellern ein Fahrzeug mit elektrischem Blech-Klappdach im Programm – dem SLK sei Dank!

Mercedes-Benz SLK (R 171)

Mercedes verabschiedete sich bei der 2004 eingeführten zweiten Generation seines Trendsetters SLK von den ruhigen, klaren, zeitlosen Linien des Vorgängers. Der neue Kompakt-Roadster zeigte sich eher rundlich-modisch gewandet mit Designzitaten vom SLR und den seinerzeitigen Formel-1-Boliden. Vom aufgeladenen 1,8-Liter-Vierzylinder, über verschieden starke V6- bis hin zu den AMG-V8-Triebwerken wurde ein Leistungsspektrum von 163 bis 400 PS abgedeckt.

Baujahr	2004-2011
Motor-Bauart	Vierzylinder (Reihe), V6, V8
Hubraum (cm^3)	1796, 2996, 3498, 5439
Leistung (PS/U/min)	163 bei 5500 bis 400 bei 5750
Vmax in (km/h)	220 bis 250
Bauart	Coupé/Cabrio

Mercedes-Benz SLK (R 172)

Im Frühjahr 2011 folgte die dritte Generation der Erfolgs-Baureihe SLK. Unter Beibehaltung der gewohnten Proportionen orientiert sich die Optik des neuen Modells an Gestaltungselementen des Supersportwagens SLS AMG. Nochmals rundlicher und bulliger kommt der aktuelle SLK daher. Die angebotene Motorenpalette entspricht im Wesentlichen der des Vorgängermodells und reichte nun von 184 bis 422 PS für die AMG-Version namens SLK 55. Technisch stets auf der Höhe der Zeit hat sich diese Sportwagen-Baureihe von Mercedes-Benz seit 1996 einen treuen Liebhaberkreis erworben.

Baujahr	seit 2011
Motor-Bauart	Vierzylinder (Reihe), V6, V8
Hubraum (cm³)	1796, 2143, 3498, 5461
Leistung (PS/U/min)	184 bei 5250 bis 422 bei 6800
Vmax in (km/h)	230-250
Bauart	Coupé/Cabrio

Baujahr	1989-2001
Motor-Bauart	Sechszylinder (Reihe), V8, V12
Hubraum (cm³)	2799 bis 7291
Leistung (PS/U/min)	193 bei 5500 bis 525 bei 5500
Vmax in (km/h)	230 bis 307
Bauart	Roadster

Mercedes-Benz SL (R 129)

Nach dem Dauerläufer-SL R 107, der fast 20 Jahre das Bild des Mercedes-Roadsters prägte, wurde das 1989 vorgestellte Nachfolgemodell vom Typ R 129 unangefochten wieder zum Bannerträger sämtlicher offener Sportwagen. Optisch und technisch markierte er einen Quantensprung zum Vorgänger und war zu Produktionsbeginn so begehrt, dass sogar – sehr zum Missfallen von Daimler-Benz – offen mit Kaufverträgen spekuliert wurde. Natürlich legte sich diese Hysterie bald wieder, aber der SL blieb mit seiner Motorenpalette vom Sechs- bis zum Zwölfzylinder weiterhin das Referenzfahrzeug in diesem kleinen, aber zu Beginn der 90er Jahre stetig wachsenden Marktsegment.

Mercedes-Benz SL (R 230)

Dem aktuellen Trend folgend präsentierte Mercedes-Benz 2006 den Nachfolger des so beliebten SL der Serie R 129 mit einem faltbaren Hardtop. Mercedes-Benz selbst hatte diese innovative Technologie seinerzeit beim SLK weltweit mit großem Erfolg eingeführt. Auch in seiner sonstigen Gestaltung wirkte der neue SL deutlich modischer und stärker auf Effekte bedacht als das in der Mercedes-Tradition bislang üblich war. In technischer Hinsicht war er – wie gewohnt – die klare Nummer 1. Kräftige Motoren, vom Sechszylinder-Basismodell bis hin zum V12 mit 500 oder in AMG-Version gar mit 612 PS, ein ausgezeichnetes Fahrwerk und modernste Sicherheitsfeatures zeichnen ihn aus.

Baujahr	seit 2001
Motor-Bauart	V6, V8, V12
Hubraum (cm³)	2996 bis 5980
Leistung (PS/U/min)	231 bei 6000
	bis 612 bei 5000
Vmax in (km/h)	230 bis 250
Bauart	Cabrio

Baujahr	2004-2009
Motor-Bauart	V8
Hubraum (cm³)	5439
Leistung (PS/U/min)	626 bei 6500 bis 650 bei k.A.
Vmax in (km/h)	334 bis 350
Bauart	Coupé, Cabrio

Mercedes-Benz SLR McLaren

Als Ergebnis der Kooperation in der Formel 1 und der zeitweiligen wirtschaftlichen Verflechtung beider Unternehmen wurde der SLR McLaren ab 2004 in England gefertigt. Extreme Spezifikationen kennzeichneten dieses Fahrzeug: der von AMG zugelieferte Kompressor geladene V8 stellte 626 PS bereit, die Karosserie war aus leichtem kohlefaserverstärktem Kunststoff, die Höchstgeschwindigkeit betrug lt. Werksangabe 334 km/h. Bis zur Einstellung des Modells im Jahr 2009 wurden rund 1400 Exemplare gebaut, darunter zwei spezielle Versionen namens SLR 722 und die Edition Stirling Moss mit unter anderem nochmals leistungsgesteigertem Motor.

Mercedes-Benz CLS (W 219)

Für all jene Autokäufer, denen es mehr um den Stil als um praktischen Nutzwert geht, die aber dennoch einen Viertürer fahren möchten, bot Mercedes-Benz den CLS (Baureihe W 219) ab Frühjahr 2004 an. Das gut ausgestattete viertürige Coupé auf Basis der E-Klasse (W 211) zeigte eine sportlich-modische Linienführung mit sehr niedriger Dachlinie, die den Einstieg vor allem auf die Rücksitzbank erheblich erschwerte. Generell ähnelte das Raumgefühl im Innenraum des CLS eher dem eines Coupés. Von sportlichem Charakter war dann auch das Motorenangebot: Es reichte bei den Benzinern (ohne die AMG-Versionen) von 231 bis 388 PS; auch ein Diesel mit 224 PS war verfügbar.

Baujahr	2004-2010
Motor-Bauart	V6, V8
Hubraum (cm³)	2987, 2996, 3498, 4966, 5439, 5461, 6208
Leistung (PS/U/min)	224 bei 3800 bis 388 bei 6000
Vmax in (km/h)	245 bis 250
Bauart	Coupé (4-türig)

Mercedes-Benz CLS 63 AMG (W 218)

Offenbar reichten Mercedes-Benz die Absatzzahlen des Nischenmodells CLS aus, um der ersten Modellgeneration, die im Herbst 2010 auslief, eine zweite folgen zu lassen. Der stark überarbeitete neue CLS, der kurioserweise den Baureihencode W 218 bekam, ist seit Anfang 2011 auf dem Markt. In seiner Formgebung zeigt sich das Modell noch moderner, noch progressiver, behält aber die Grundphilosophie einer coupéhaften viertürigen Sportlimousine bei. In der AMG-Version schlummern unter der Motorhaube 525 und im gesondert lieferbaren Performance Package gar 557 PS – genug um auch den schnellsten Sportwagen das Leben schwer zu machen.

Baujahr	seit 2011
Motor-Bauart	V8
Hubraum (cm³)	5461
Leistung (PS/U/min)	525 bei 5750
Vmax in (km/h)	250
Bauart	Coupé (4-türig)

Mercedes-Benz SLS AMG Roadster

Dem erfolgreichen SLS AMG Flügeltüren-Coupé folgt brandaktuell im Jahr 2011 eine Roadster-Version mit elektrisch versenkbarem Stofffaltdach. Während die Technikkomponenten des Roadsters mit denen des Coupés identisch sind, sorgen vielfältige Verstärkungsmaßnahmen in den Bereichen Windschutzscheibenrahmen, Türschweller und Mitteltunnel dafür, dass die Verwindungssteifigkeit der Offenversion sich der des Coupés annähert, um optimale Fahreigenschaften und Crashsicherheit zu gewährleisten.

Baujahr	seit 2011
Motor-Bauart	V8
Hubraum (cm³)	6208
Leistung (PS/U/min)	571 bei 6800
Vmax in (km/h)	317
Bauart	Cabriolet

Mercedes-Benz SLS AMG

Das aktuelle Prestige- und Sahnestück der Mercedes-Modellpalette ist der komplett von AMG entwickelte Flügeltürer SLS, der Erinnerungen an den legendären 300 SL der mittfünfziger Jahre wachrufen soll. Technisch und in Sachen Leistungspotenzial ist der SLS ein echter Supersportwagen: Aluminiumrohrrahmen und -karosserie, Siebengang-Doppelkupplungsgetriebe vor der Hinterachse und ein 6,2-Liter-V8 mit 571 PS sprechen eine deutliche Sprache. Dennoch bietet der Wagen alle Sicherheits- und Komfortmerkmale eines Mercedes-Benz sowie jene unbedingte Alltagstauglichkeit, die man von einem Fahrzeug der Marke erwartet.

Baujahr	seit 2010
Motor-Bauart	V8
Hubraum (cm³)	6208
Leistung (PS/U/min)	571 bei 6800
Vmax in (km/h)	320
Bauart	Coupé

Baujahr	seit 2009
Motor-Bauart	V12
Hubraum (cm³)	5980
Leistung (PS/U/min)	630 bei 5000
Vmax in (km/h)	250
Bauart	Coupé

Mercedes-Benz CL 65 AMG

Unter den von AMG veredelten Mercedes-Serienfahrzeugen darf das große Coupé der CL-Klasse als Spitzenprodukt gelten. Unter dem Namen CL 65 AMG wird hier eines der leistungsfähigsten Edel-Coupés der Welt angeboten. Befeuert wird der fast 2,3 Tonnen wiegende GT von einem sechs Liter großen V12-Biturbo-Triebwerk, das kaum vorstellbare 630 PS zur Verfügung stellt – alles natürlich durch zeitgemäße elektronische Steuer- und Regelsysteme abgepuffert und insofern auch von weniger begabten oder allzu übermütigen Autofahrern problemlos zu beherrschen.

Baujahr	1964-1967
Motor-Bauart	1-Scheiben/Wankel
Hubraum (cm³)	500
Leistung (PS/U/min)	50 bei 6000
Vmax in (km/h)	152
Bauart	Cabriolet

NSU Sport-Prinz

Da es Ende der 50er Jahre wieder einen Markt für kleine Sportcoupés gab, entschlossen sich die Neckarsulmer, auch hier keine halben Sachen anzubieten. Sie beauftragten Bertone mit einem Karosserieentwurf auf Basis des Prinz. Er zeichnete eine bestechend schöne Coupé-Blechhülle, die den Prinz zu einem echten Juwel machte. Selbst die Fahrleistungen profitierten: Dank der leichten, windschlüpfigen Karosserie wurden nun nahezu 125 km/h Spitze erreicht – zur damaligen Zeit ein respektabler Wert.

Baujahr	1965-1972
Motor-Bauart	Vierzylinder (Reihe)
Hubraum (cm³)	1085, 1177
Leistung (PS/U/min)	55 bei 5800 bis 70 bei 6150
Vmax in (km/h)	148 bis 160
Bauart	Limousine (2-türig)

NSU Prinz 1000 TT, 1000 TTS, 1200 TT

Die sportlichen Spitzenmodelle der NSU-Heckmotor-Baureihe sorgten für eine Menge Prestige. Leistungswillige luftgekühlte Vierzylinder brachten Pfeffer ins Heck und verursachten gelegentlich feuchte Fahrerhände, wenn das Hinterteil der sportlichen Kleinlimousinen in schnellen Kurven allzu lebendig wurde. Besonders die hochdrehende TTS-Version, quasi ein Spezialmodell für den Motorsporteinsatz, schüchterte auf öffentlichen Straßen wie im Rennsport zahlreiche größere Konkurrenten ein.

OPEL

BRIDGESTONE
BRIDGESTONE
BRIDGESTONE

Baujahr	1965-1967
Motor-Bauart	V8
Hubraum (cm³)	5354
Leistung (PS/U/min)	230 bei 4700
Vmax in (km/h)	210
Bauart	Coupé

Opel Diplomat V8 Coupé

Der zweitürige Spitzen-Diplo im sportlich-eleganten Hardtop-Stil wurde nicht in Rüsselsheim, sondern bei Karmann in Osnabrück gebaut, dem Spezialisten für Kleinserien. Und klein war die Coupé-Serie in der Tat: Von 1965 bis 1967 verließen nur 300 dieser Fahrzeuge Karmanns Fertigungshallen. Der vermutliche Grund: Opels Imageproblem als Hersteller edler und demnach teurer Automobile. Wer viel Geld bezahlen konnte, wollte wohl unbedingt den Stern auf der Motorhaube prangen sehen.

Opel Commodore GS/E, Commodore GS 2800 (Serie A)

Commodore statt Rekord-Sechszylinder – diese neue Marketingstrategie sollte sich als Erfolg erweisen. Mehr dekorativer Chrom, Holzimitat am Armaturenbrett und den Türverkleidungen und vor allem der neue Reihensechszylinder sorgten für eine eigene Modellidentität, um die sich der Rekord 6 immer vergeblich bemüht hatte. Dazu kamen sportliche Varianten: der GS/E mit lebhaftem 2,5-Liter-Einspritzmotor und der mehr auf Komfort ausgelegte GS 2800. Mit beiden Modellen ließen sich auf der Autobahn BMW- und Mercedes-Fahrer trefflich ärgern.

Baujahr	1967-1971
Motor-Bauart	Sechszylinder (Reihe)
Hubraum (cm³)	2490, 2784
Leistung (PS/U/min)	130 bei 5300 bis 150 bei 5800
Vmax in (km/h)	175 bis 195
Bauart	Limousine (2-türig), Limousine (4-türig), Coupé

Baujahr	1972-1977
Motor-Bauart	Sechszylinder (Reihe)
Hubraum (cm³)	2490, 2784
Leistung (PS/U/min)	130 bei 5000 bis 160 bei 5400
Vmax in (km/h)	175 bis 200
Bauart	Limousine (2-/4-türig), Coupé

Opel Commodore GS/E (Serie B)

Die Neuauflage eines alten Themas wirkte – zumindest auf eingefleischte Opel-Fans – etwas ernüchternd. Mit auf 2,8 Liter vergrößertem Hubraum und einer zahmeren Motorauslegung waren dem GS/E sämtliche Zähne gezogen worden – so die Meinung eingefleischter Alt-GS/E-Liebhaber. Trotz 160 PS fehlte es dem neuen Sport-Commodore an Biss und Ausstrahlung, über die sein Vorgänger noch so reichlich verfügt hatte.

Opel GT, GT/J

„Nur Fliegen ist schöner" – dieser klassische Werbeslogan für den Opel GT war vielleicht etwas vollmundig, doch machte das kompromisslose Konzept Eindruck. Ohne echten Kofferraum und mit hinter die Vorderachse gerücktem Vierzylinder zeigte Rüsselsheim, was Ende der 60er, Anfang der 70er Jahre bei Großserienherstellern noch möglich war: nämlich ein preiswertes Minderheitenauto anzubieten, das wertvolle Dienste zur Imagebildung leistete. Der abgemagerte GT/J beschloss die Serie nach fast 100.000 gefertigten Exemplaren.

Baujahr	1968-1973
Motor-Bauart	Vierzylinder (Reihe)
Hubraum (cm³)	1078, 1897
Leistung (PS/U/min)	60 bei 5200 bis 90 bei 5100
Vmax in (km/h)	155 bis 190
Bauart	Coupé

Opel Manta (Serie A)

Baujahr	1970-1975
Motor-Bauart	Vierzylinder (Reihe)
Hubraum (cm³)	1196, 1584, 1897
Leistung (PS/U/min)	60 bei 5200 bis 105 bei 5400
Vmax in (km/h)	145 bis 185
Bauart	Coupé

Der Rüsselsheimer Anti-Capri hieß „Manta" und wurde 1970 lanciert. Auch hier landete Opel einen vollen Erfolg, weil man sportlich orientierten Familienvätern die Chance bot, vom bürgerlichen Rekord Abstand zu nehmen und stattdessen zur jugendlichen Alternative zu greifen. Eine große Ausstattungs- und Motorisierungsvielfalt bot dabei allen Geschmäckern etwas. Am Ende der Manta-A-Baureihe sorgte die GT/E-Version mit dem 105 PS starken Einspritzmotor für besonders rasante Fahrleistungen.

Opel Manta (Serie B)

Mehr als eine halbe Million Fahrzeuge der zweiten Manta-Serie rollten in Rüsselsheim von den Bändern. Das zeigt, wie stimmig – wenn auch technisch nicht mehr wirklich zeitgemäß – das Konzept des attraktiv gestalteten viersitzigen Soft-Sportlers immer noch war. Opel entfaltete über fast 14 Baujahre eine riesige Modell- und Motorenpalette. 1978 wurde eine Karosserievariante mit Fließheck namens CC nachgeschoben, die aber nicht ganz den gewünschten Erfolg brachte. Zehn Jahre später endete mit dem letzten produzierten Manta B endgültig die Ära heckgetriebener Familiencoupés.

Baujahr	1975-1988
Motor-Bauart	Vierzylinder (Reihe)
Hubraum (cm³)	1196, 1279, 1584, 1796, 1897, 1979, 2410
Leistung (PS/U/min)	55 bei 5400 bis 144 bei 5200
Vmax in (km/h)	138 bis 210
Bauart	Coupé

Baujahr	1981-1984
Motor-Bauart	Vierzylinder (Reihe)
Hubraum (cm³)	2410
Leistung (PS/U/min)	144 bei 5200
Vmax in (km/h)	210
Bauart	Coupé

Opel Manta 400

In nur 245 Exemplaren wurde der Nachfolger des erfolgreichen Rallyeautos Ascona 400 gebaut. 1981 wurde er vorgestellt und verfügte über die gleiche technische Basis wie sein Vorgänger. Kernstück des Manta 400 ist wieder der robuste 2,4 Liter großer Sechzehnventil-Vierzylinder, der in Serienausführung 144 PS leistete, was für den Rallyeeinsatz bis auf knapp 280 zuverlässige PS gesteigert werden konnte. Die Serienversion war mit breiteren Felgen, Front- und Heckspoiler sowie einer in Opel-Motorsportfarben gehaltenen Lackierung ausgestattet. Heute zählt der Manta 400 wie auch sein Bruder Ascona 400 zu den hoch gehandelten Sammlerautos.

Opel Ascona 400

Für den Einsatz in der der Rallye-Weltmeisterschaft baute Opel eine sehr spezielle Version seiner bürgerlichen Ascona-Limousine. Nachdem reglementbedingt 400 Serienexemplare des Wagens hergestellt werden mussten nannte Opel ihn schlicht Ascona 400. Als Motorisierung diente ein in weiten Teilen neu entwickelter Vierzylindermotor mit 2,4 Litern Hubraum und leistungsförderndem 16-Ventil-Zylinderkopf. Getriebe- und fahrwerkseitig wurden entsprechend dem Verwendungszweck robustere Komponenten eingebaut. Mit 144 PS und deutlich reduziertem Gewicht gab es sehr lebhafte Fahrleistungen. Die Rallyeversion des Ascona 400 erwies sich als so konkurrenzfähig, dass Walter Röhrl auf ihr 1982 Rallyeweltmeister wurde.

Baujahr	1979-1981
Motor-Bauart	Vierzylinder (Reihe)
Hubraum (cm³)	2410
Leistung (PS/U/min)	144 bei 5200
Vmax in (km/h)	200
Bauart	Limousine (2-türig)

Opel Kadett Rallye (Serie B)

Baujahr	1967-1973
Motor-Bauart	Vierzylinder (Reihe)
Hubraum (cm³)	1078, 1196, 1879
Leistung (PS/U/min)	60 bei 5200 bis 90 bei 5100
Vmax in (km/h)	190
Bauart	Coupé

Ganz schön keck präsentierte sich ab 1967 der Rallye Kadett von Opel. Schwarze Motorhaube, Rallyestreifen, Sportfelgen, Zusatzsceinwerfer und ein auf sportlich getrimmtes Interieur samt Armaturenbrett brachten jugendliches Ungestüm in die Kadett B-Serie. Der brustschwache 1,1-Liter-Vierzylinder mit 60 PS bildete die Basismotorisierung, für sportliche Fahrleistungen sorgte nur der ebenfalls lieferbare 1,9-Liter-Motor aus dem Rekord, dessen 90 PS im leichten und kompakten Kadett für einigen Wirbel sorgten. Opel machte mit dieser Version ersten Eindruck in der prestigeträchtigen Welt des Motorsports und begann allmählich, sein etwas behäbiges Image als Hersteller braver Alltagsautos zu korrigieren.

Baujahr	1974-1979
Motor-Bauart	Vierzylinder (Reihe)
Hubraum (cm³)	1897, 1979
Leistung (PS/U/min)	105 bei 5600 bis 115 bei 5600
Vmax in (km/h)	180 bis 190
Bauart	Coupé

Opel Kadett GT/E (Serie C)

Bereits ein Jahr vor dem Golf GTI prägte Opel die Marktnische sportlich aufgemachter, gut motorisierter Kompaktwagen mit dem Kadett GT/E. Er war mit dem 1,9-Liter-Vierzylinder-Einspritzmotor mit 105 PS ausgerüstet und brauchte damit keine Gegner zu fürchten. Die Motorsporterfolge Walter Röhrls taten ein Übriges um Opel die Vermarktung solcher Sportversionen zu erleichtern. Das traditionelle technische Konzept des C-Kadett mit Heckantrieb und vergleichsweise simplem Fahrwerk konnte jedoch gegen den Maßstäbe setzenden Golf GTI, der 1976 die Bühne betrat, nicht mehr mithalten.

Baujahr	1983-1984
Motor-Bauart	Vierzylinder (Reihe)
Hubraum (cm³)	1796
Leistung (PS/U/min)	115 bei 5800
Vmax in (km/h)	185
Bauart	Limousine (2-türig)

Opel Kadett GTE (Serie D)

Mit erheblicher Verspätung, erst 1983, brachte Opel mit dem GTE eine Sportversion der ersten Frontantriebsgeneration des Kadett in das Marktsegment, das sich der Golf GTI seit 1979 quasi ohne ernsthafte Konkurrenz hatte sichern können. Mit seinem modernen 1,8 Liter großen Vierzylinder und 115 PS war er ein echter Herausforderer des Wolfsburger Kultautos, doch wurde er kaum mehr als ein Jahr produziert, bis der nächste Generationswechsel der Kadett-Baureihe vor der Tür stand. Attraktive sportliche Aufmachung außen und innen sowie überzeugende Fahrleistungen und -eigenschaften reichten jedoch nicht aus, um den GTI seinerzeit und für alle Zukunft vom Thron zu stoßen.

Baujahr	1984-1991
Motor-Bauart	Vierzylinder (Reihe)
Hubraum (cm³)	1796,1998
Leistung (PS/U/min)	116 bei k.A. bis 150 bei k.A.
Vmax in (km/h)	185-200
Bauart	Limousine (2-türig)

Opel Kadett GSi (Serie E)

Die Rüsselsheimer führten auch bei der 1984 präsentierten E-Serie ihres Bestsellers Kadett die lieb gewordene Tradition fort, früher oder später ein sportliches Spitzenmodell in die Modellreihe aufzunehmen. 1988, nach vier Jahren, wurde schließlich der GSi eingeführt, der dem Kadett die sprichwörtliche Biederkeit gründlich austrieb. Mit einem hoch effektiven, 150 PS starken Zweiliter-Vierzylinder samt brandneuem 16-Ventil-Zylinderkopf ausgerüstet, rückte der GSi ab 1988 in die vorderste Front der schnellen Kompakten – auch GTI-Klasse genannt – vor. Mit umfangreicher Ausstattung und optisch dezent vorgetragener Sportlichkeit schuf er sich während seiner bis 1991 währenden Produktionszeit zahlreiche Freunde.

Opel Astra GSi (Serie F)

1991 wurde mit dem Übergang zur nächsten Modellgeneration aus dem Kadett der etwas schicker klingende Astra und die Tradition der sportlichen Spitzenmodelle wurde mit dem GSi fortgesetzt. Unter der Haube kamen alternativ zwei Vierzylinder-Triebwerke zum Einsatz: Zum einen ein Zweiliter mit Zweiventilkopf und 115 PS und zum zweiten, ab 1993, ein moderner Vierventil-1,8-Liter mit 125 PS. Nach dem Facelift von 1994 gab es hier deutlichen Leistungszuwachs in Form eines Zweiliter-Vierventilers mit 150 PS, der ab 1995 durch eine emissionsoptimierte Version mit 136 PS zunächst ergänzt und später abgelöst wurde.

Baujahr	1991-1998
Motor-Bauart	Vierzylinder (Reihe)
Hubraum (cm³)	1799, 1998
Leistung (PS/U/min)	115 bei 5400 bis 150 bei 6000
Vmax in (km/h)	185-200
Bauart	Limousine (2-türig)

Opel Astra Coupé Turbo (Serie G)

Baujahr	2000-2004
Motor-Bauart	Vierzylinder (Reihe)
Hubraum (cm³)	1998
Leistung (PS/U/min)	190 bei k.A.
	bis 200 bei k.A.
Vmax in (km/h)	230 bis 240
Bauart	Coupé

Als sportlich-eleganter 2+2-Sitzer der Astra-Baureihe positionierte Opel im Jahr 2000 sein neues Coupé. Top-Motorisierung war der Zweiliter-Vierzylinder-Turbomotor, der 200 PS leistete und das Coupé zu einem echten Sportwagen machte. In der eigentlich für diese Rolle vorgesehenen OPC-Modellpalette, die den GSi-Versionen nachfolgte, war das Coupé dagegen nicht vorgesehen. Das nur rund fünf Jahre lang – übrigens bei Bertone in Italien – gebaute Modell gab es in zahlreichen limitierten Sondereditionen, die aber auch nicht zu einem wirklich nachhaltigen Verkaufserfolg führten.

Baujahr	1988-1993
Motor-Bauart	Vierzylinder (Reihe)
Hubraum (cm³)	1598
Leistung (PS/U/min)	98 bei k.A. bis 101 bei 6000
Vmax in (km/h)	195
Bauart	Limousine (3-türig)

Opel Corsa GSi

Auch die kleinste Opel-Baureihe, der kompakte Corsa, bekam 1988 eine sportliche Speerspitze, den GSi mit 1,6-Liter-Motor und 101 PS. Mit den üblichen Attributen wie größerem Frontspoiler, besonders gestalteten breiteren Leichtmetallfelgen, einer speziellen Farbgebung sowie Sportsitzen, Lederlenkrad und umfangreicherer Instrumentierung versehen, machte der gut liegende kleine Flitzer aus Rüsselsheim viele Punkte in einer gleichwohl sehr engen Marktnische. Ab 1990 bekam der Corsa GSi einen Dreiwegekatalysator verpasst, was eine Leistungsreduzierung auf 98 PS nach sich zog.

Baujahr	1978-1986
Motor-Bauart	Vierzylinder (Reihe), Sechszylinder (Reihe)
Hubraum (cm³)	1979, 2197, 2490, 2968
Leistung (PS/U/min)	115 bei 5400 bis 180 bei 5800
Vmax in (km/h)	180 bis 220
Bauart	Coupé

Opel Monza

Der Monza sollte die Rolle als sportliches Schwestermodell des Senator spielen. Von seinem äußeren Erscheinungsbild her gelang ihm das glänzend. Die Fließheck-Karosserie war zeitlos elegant, die Heckklappe bot dazu noch praktischen Nutzwert. Technisch waren Monza und Senator im Wesentlichen identisch. Absolutes Spitzenmodell war der Ende 1982 mit einem tiefgreifenden Facelift eingeführte GSE, der mit seinem Dreiliter-Einspritzmotor und geschmackvoll sportlicher Aufmachung beeindruckte. Auch die Monza-Modelle fanden nur vergleichsweise wenige Käufer. Schon nach knapp 44.000 gebauten Exemplaren kam das unverdient frühe Ende.

Opel Calibra

Der Nachfolger des legendären Manta und bisher letzte komplett eigenständige Familiensportwagen von Opel war der Calibra, von dem im Lauf seiner Karriere einige interessante Versionen gebaut wurden. Neben der Normalmotorisierung mit 115 bzw. 150 PS starken Vierzylindern, die schon für sehr ordentliche Fahrleistungen sorgten, gab es ab 1992 mit dem allradgetriebenen Calibra Turbo 4 x 4, der 204 PS leistete, ein absolut sportliches Topmodell, dem ein Jahr später eine eher komfortabel ausgelegte Version mit 2,5-Liter-V6 und 170 PS folgte.

Baujahr	1990-1997
Motor-Bauart	Vierzylinder (Reihe), V6
Hubraum (cm³)	1998, 2498
Leistung (PS/U/min)	115 bei k.A. bis 204 bei k.A.
Vmax in (km/h)	190 bis 230
Bauart	Coupé

Baujahr	1986-1992
Motor-Bauart	Sechszylinder (Reihe)
Hubraum (cm³)	2969
Leistung (PS/U/min)	156 bei 5600 bis 204 bei 6000
Vmax in (km/h)	210-240
Bauart	Limousine (4-türig)

Opel Omega 3000/3000 24V

Der Omega besetzte als Nachfolger des klassischen Rekord exakt die gleiche Marktposition wie dieser. Als konservativ gehaltenes viertüriges Mittelklasse-Familienmobil mit traditioneller Heckantriebsauslegung verkörperte er typische Opel-Tugenden. Ab Herbst 1986 konnte er jedoch auch anders: Mit einem Dreiliter-Reihensechszylinder und zunächst 156 bzw. 177 PS sowie auffälligem Spoilerbesatz mutierte er zum BMW-Jäger. Ganz besonders geschah das ab der Modellpflege 1990, als eine 24-Ventil-Version deises Motors mit 204 PS unter die Haube des „3000" kam.

Opel Tigra A

Baujahr	1994-2000
Motor-Bauart	Vierzylinder (Reihe)
Hubraum (cm³)	1389 bis 1598
Leistung (PS/U/min)	90 bei 6000 bis 106 bei 6000
Vmax in (km/h)	180 bis 190
Bauart	Coupé

1994 brachte Opel auf technischer Basis des Corsa B ein schnuckeliges 2+2-sitziges Sportcoupé mit riesiger Glas-Heckklappe auf den Markt. Motorisiert war der Tigra genannte Flitzer mit einem 1,4 oder auf Wunsch einem 1,6 Liter großen Vierzylinder mit 90 bzw. 106 PS. Damit ließen sich durchaus flotte Fahrleistungen erreichen. Alsbald belasteten jedoch immer wieder auftauchende Qualitäts- und Verarbeitungsmängel den Ruf des Tigra – Opel litt besonders in der zweiten Hälfte der 90er Jahre unter den Nachwirkungen massiver Kostenersparnisprogramme, die die Substanz der Traditionsmarke geraume Zeit in Mitleidenschaft zogen.

Opel Tigra TwinTop

Baujahr	2004-2009
Motor-Bauart	Vierzylinder (Reihe)
Hubraum (cm³)	1248, 1364, 1798
Leistung (PS/U/min)	70 bei k.A.
	bis 125 bei k.A.
Vmax in (km/h)	170 bis 205
Bauart	Coupé, Cabriolet

Trotz mancher Qualitätsprobleme war der Tigra A durchaus ein Erfolg für Opel, dennoch verpasste man dem Nachfolger Tigra TwinTop ein gänzlich anderes Konzept. Statt eines Coupés setzte man nun auf ein Coupé/Cabrio mit faltbarem Blechdach, eine Fahrzeuggattung, die vor allem durch den Peugeot 205 CC auch in der kleinen Klasse populär geworden war. Der von 2004 bis 2009 gebaute Tigra TwinTop war nur in drei Motorisierungsvarianten lieferbar: mit einen 1,4 bzw. 1,8 Liter großen Benziner und 90 bzw. 125 PS sowie – dem Zug der Zeit folgend – mit einem 1,3 Liter großen Diesel und 70 PS. Das reichte für ein sportliches Frischluftvergnügen zu günstigen Unterhaltskosten.

Opel Speedster

Ein noch konsequenteres Sportwagenkonzept als das des GT Roadster präsentierte Opel im Jahr 2000. Der Speedster basierte auf dem faszinierenden Lotus Elise, der die Leichtbau-Philosophie des britischen Sport- und Rennwagenbauers eindrucksvoll demonstrierte. Mit Opel-eigener Kunststoffkarosserie und dem 147 PS leistenden 2,2-Liter-Opel-Vierzylinder (später auch mit dem Zweiliter-Turbotriebwerk mit 200 PS) in Mittelmotoranordnung vermittelte der unter 1000 Kilo wiegende Speedster echtes Rennwagenfeeling. Opel betrachtete den Speedster primär als Imageträger für die Marke. Aufgrund seiner sehr begrenzten Alltagstauglichkeit gestaltete sich der Abverkauf allerdings eher zäh und 2005 endete die Produktion. Mittlerweile jedoch werden vor allem die Turbo-Modelle als echte Liebhaberautos gehandelt.

Baujahr	2000-2005
Motor-Bauart	Vierzylinder (Reihe)
Hubraum (cm³)	1998 bis 2198
Leistung (PS/U/min)	147 bei 5800
	bis 200 bei 6000
Vmax in (km/h)	215 bis 240
Bauart	Roadster

Opel Astra OPC (Serie H)

Baujahr	2005-2010
Motor-Bauart	Vierzylinder (Reihe)
Hubraum (cm³)	1998
Leistung (PS/U/min)	240 bei k.A.
Vmax in (km/h)	240
Bauart	Coupé

Ein großer Markterfolg war die 2004 präsentierte H-Serie des Astra, die sich rundum tiefgreifend modernisiert und qualitativ verbessert zeigte. Einen besonderen Akzent setzte die betont sportlich gehaltene dreitürige GTC-Version, die es seit 2005 auch in der OPC-Ausstattung gab. OPC nannte Opel seit 1999 seine ausgeprägt sportlichen Modelle für einen bewusst kleinen Käuferkreis, dem Leistung und echte Sportlichkeit oberhalb der bisherigen GSi-Modelle über alles ging. So bot der Astra OPC der H-Serie satte 240 PS aus einem Zweiliter-Vierzylinder-Turbomotor und erreichte damit eine Spitze von fast 250 km/h – kaum glaubliche Werte für einen Kompaktwagen bürgerlichen Zuschnitts.

Opel Vectra OPC

Mit der 2002 auf den Markt gebrachten, neuen Vectra-Generation (C-Serie) versuchte sich Opel besser gegen die Konkurrenz von Volkswagen zu behaupten. Die 2006 präsentierte OPC-Version sollte mit ihren zunächst 255 und später sogar 280 PS hier ein besonders sportliches Zeichen setzen. Erhältlich war der Vectra OPC nur mit der Fließheckkarosserie, weitere äußere Merkmale waren veränderte Bug- und Heckschürzen, spezielle Leichtmetallfelgen und eine besonders sportlich gehaltene Innenausstattung. Die Absatzzahlen dieses Hochleistungsmodells blieben naturgemäß in engem Rahmen wie auch die gesamte Baureihe gegen die Produkte aus Wolfsburg ohne Chance war.

Baujahr	2005-2008
Motor-Bauart	V6
Hubraum (cm³)	2792
Leistung (PS/U/min)	255 bei 5500 bis 280 bei 5500
Vmax in (km/h)	250
Bauart	Limousine (5-türig)

Opel GT Roadster

2007 belebte Opel einen alten Mythos wieder, aber auf ganz neue Art. Die Rüsselsheimer nannten ihr neues, bei GM in den USA konzipiertes Sportwagenmodell „GT" – wie den legendären Zweisitzer aus den frühen 70er Jahren. Beim neuen GT handelte es sich jedoch um einen Roadster mit einem vergleichsweise rudimentären Stoffverdeck. Befeuert wurde der neue GT von einem 264 PS starken Zweiliter-Turbo-Vierzylinder, der für nachdrücklichen Vortrieb sorgt. Gegenüber den meisten Konkurrenzmodellen mangelte es dem GT jedoch an Nutzwert. Das eher notdürftige Verdeck und die kaum vorhandene Kofferraumkapazität machten ihm – wie eigentlich schon den alten GT – zum reinen Spaßvehikel fürs Wochenende.

Baujahr	2007-2009
Motor-Bauart	Vierzylinder (Reihe)
Hubraum (cm³)	1998
Leistung (PS/U/min)	264 bei k.A.
Vmax in (km/h)	230
Bauart	Roadster

Baujahr	seit 2007
Motor-Bauart	Vierzylinder (Reihe)
Hubraum (cm³)	1598
Leistung (PS/U/min)	192 bei 5850
Vmax in (km/h)	225
Bauart	Limousine (3-türig)

Opel Corsa OPC (Serie D)

Nicht nur in der Mittel- und Oberklasse explodierten seit der Jahrtausendwende geradezu die PS-Leistungen, auch die kleine Klasse zeigt allseits elektronisch abgepufferte Hochleistungsmodelle. Zum Beispiel die OPC-Version der aktuellen Corsa-Generation, die 2007 vorgestellt wurde: Über die 98 PS eines Corsa A GSI von vor 20 Jahren kann man angesichts von 192 Turbo-PS im D-Modell nur milde lächeln. Mit einer Spitze von 225 km/h gehört der Kleinwagen mittlerweile zu den ganz Schnellen im Land und auch der Durchschnittsautofahrer ist mit ihnen nicht überfordert.

Baujahr	seit 2009
Motor-Bauart	V6
Hubraum (cm³)	2792
Leistung (PS/U/min)	325 bei 5250
Vmax in (km/h)	250 bis 270
Bauart	Limousine (4-/5-türig)

Opel Insignia OPC

Der Ende 2008 auf den Markt gekommene Hoffnungsträger der Rüsselsheimer, der Insignia, bekam bereits ein Jahr später eine OPC-Hochleistungsversion spendiert. Der mit einem 2,8-Liter-Turbo-V6 und kaum glaublichen 325 PS versehene OPC ist als Vier- und Fünftürer sowie als Sportstourer, einer sportlich gezeichneten Kombivariante lieferbar. Um diese enorme Kraft sicher auf den Boden zu bringen, verfügt der Insignia OPC serienmäßig über Allradantrieb. Der Turbomotor katapultiert den äußerlich vergleichsweise dezent gehaltenen Wagen – in seiner seit 2011 lieferbaren „entriegelten" Version – auf bis zu 270 km/h Spitze.

PORSCHE

PORSCHE
PORSCHE
Mobil 1
GT3 RSR
PAGID
BERNER
BBS
Mobil 1
MICHELIN
S GO 811
S GO 110

Baujahr	1955-1957
Motor-Bauart	Vierzylinder (Boxer)
Hubraum (cm³)	1498
Leistung (PS/U/min)	110 bei 6200 bis 135 bei 7200
Vmax in (km/h)	220 bis 240
Bauart	Speedster

Porsche Spyder 550, Spyder 550 A

Begründete er den wahren Mythos Porsche? Federleicht und leistungsstark – das war das Credo des 550, als er 1955 auf der Bühne erschien. Mit seinem 1,5 Liter großen, luftgekühlten Boxermotor vor der Hinterachse verkörperte er modernste Renntechnik. Auch das Vierzylinder-Triebwerk selbst hatte sich deutlich von dem eines normalen 356 entfernt. Mit seinen obenliegenden Nockenwellen stellte es mindestens 110 PS zur Verfügung, die den winzigen Spyder mit seiner Aluminiumkarosserie rund 220 km/h schnell machten. Das alles waren ideale Voraussetzungen für eine grandiose Rennsportkarriere, mit der er die Zuffenhausener in der Folge auch beglückte.

Porsche 1500/1600 GS Carrera

Die „Carrera" genannten Sport-Versionen verfügten über den für den Alltagseinsatz mühsam gezähmten Rennmotor, mit dem man Hunderte von Siegen auf allen Rennstrecken der Welt eingefahren hatte. Die delikate Technik kostete ihren Preis, in der Anschaffung wie im Unterhalt. Dafür bekam man, gemessen an der Hubraumgröße, exzellente PS-Leistungen und eine Menge Überholprestige. Der Mythos Porsche begann sich damit wirklich zu entwickeln.

Baujahr	1955-1959
Motor-Bauart	Vierzylinder (Boxer)
Hubraum (cm³)	1498, 1588
Leistung (PS/U/min)	100 bei 6200 bis 115 bei 6500
Vmax in (km/h)	200
Bauart	Coupé, Cabriolet, Speedster

Porsche 356, 356 Super

Baujahr	1949-1955
Motor-Bauart	Vierzylinder (Boxer)
Hubraum (cm³)	1086, 1286, 1290, 1488
Leistung (PS/U/min)	40 bei 4000 bis 70 bei 5000
Vmax in (km/h)	140 bis 175
Bauart	Coupé, Cabriolet

Mit der Vorstellung des 356 auf der Automobilmesse in Genf im März 1949 legte Ferdinand Porsche den Grundstein für die Serienfertigung seiner Sportwagen. Auch wenn genaugenommen bereits im Jahr zuvor im österreichischen Gmünd 356-Exemplare entstanden waren. Der als Coupé und Cabrio lieferbare neue Porsche, der sich technisch an den VW Käfer anlehnte, kostete damals rund 10.000 bzw 12.000 DM und zählte somit zu den Traumwagen im Nachkriegsdeutschland.

Porsche 356 Speedster

Baujahr	1955-1958
Motor-Bauart	Vierzylinder (Boxer)
Hubraum (cm³)	1498, 1582
Leistung (PS/U/min)	60 bei 4500 bis 110 bei 6400
Vmax in (km/h)	160 bis 200
Bauart	Speedster

Ab 1955 lieferbar war der Porsche Speedster, eine in der Ausstattung abgemagerte, betont sportlich aufgemachte und preiswerter angebotene Version des 356. Besonders in den USA fand der Speedster bald eine begeisterte Anhängerschaft. Besonders in der 110 PS starken Carrera-Version war er ein ernst zu nehmender Sportwagen, der bei zahllosen Rennen Lorbeer für die noch junge Stuttgarter Firma erntete. Für ein solches Modell waren aber fast 18.000 DM auf den Tisch des Händlers zu blättern – seinerzeit eine ungeheure Summe.

Porsche 356 A

Der Start einer Legende: 1950 begann in Stuttgart-Zuffenhausen die Serienproduktion des rundlichen Sportwagens mit starken VW-Anklängen. Die Karosserien entstanden bei der Firma Reutter, der Zusammenbau der 356er fand in den Porsche-Hallen statt. Verkaufs- und vor allem Sporterfolge ließen nicht lange auf sich warten. Die A-Serie startete mit zahlreichen Verbesserungen im Jahr 1955. Natürlich wurde auch die Motorisierung immer muskulöser: 75 PS aus 1,6 Litern Hubraum waren vorläufiger Höhepunkt.

Baujahr	1955-1959
Motor-Bauart	Vierzylinder (Boxer)
Hubraum (cm³)	1582
Leistung (PS/U/min)	60 bei 4500 bis 75 bei 5000
Vmax in (km/h)	160 bis 175
Bauart	Coupé, Cabriolet

Porsche 356 B

Ein sichtbares Facelifting an der Fahrzeugfront, Modifikationen im Innenraum, eine neue Top-Motorisierung und eine weitere Karosserievariante markierten den Schritt vom 356 A zum B. Der pummelige Heckmotor-Sportwagen wirkte formal nun etwas frischer, während die 90-PS-Maschine in der Version „Super 90“ für strammen Vortrieb sorgte. Selten blieb das bei Karmann in Osnabrück gefertigte Hardtop-Modell, quasi ein 356 B Cabriolet mit fest montiertem Blechdach statt des Faltverdecks.

Baujahr	1959-1963
Motor-Bauart	Vierzylinder (Boxer)
Hubraum (cm³)	1582
Leistung (PS/U/min)	60 bei 4500 bis 90 bei 5500
Vmax in (km/h)	160 bis 185
Bauart	Coupé, Cabriolet, Roadster, Hardtop

Baujahr	1961-1964
Motor-Bauart	Vierzylinder (Boxer)
Hubraum (cm³)	1966
Leistung (PS/U/min)	130 bei 6200
Vmax in (km/h)	200
Bauart	Coupé, Cabriolet, Hardtop

Porsche 356 B und C 2000 GS Carrera 2

Mit vollen zwei Litern Hubraum und stattlichen 130 PS Leistung war die zweite „Carrera"-Serie zwar nicht weniger sportlich als die erste ausgefallen, aber weniger kapriziös. Als leistungsfähiger Langstrecken-Sportwagen machte er nun eine bessere Figur als sein Vorgängermodell. Erhältlich war der Carrera 2 als Coupé, Cabriolet und Hardtop/Cabriolet. Die Produktionsstückzahlen des ebenso exklusiven wie technisch aufwendigen Carrera blieben bei Einstandspreisen zwischen 23.700 und 25.750 D-Mark – je nach Karosserievariante – erwartungsgemäß auch bei der zweiten Serie gering.

Baujahr	1963-1965
Motor-Bauart	Vierzylinder (Boxer)
Hubraum (cm³)	1582
Leistung (PS/U/min)	75 bei 5200 bis 95 bei 5800
Vmax in (km/h)	175 bis 185
Bauart	Coupé, Cabriolet

Porsche 356 C

Höchst ausgereift präsentierte sich die C-Baureihe des 356er Porsche. Mit gestrafftem Modellangebot, bestehend nur aus dem Coupé und dem Cabriolet, und lediglich zwei lieferbaren Motoren mit 75 bzw. 95 PS, warf der 911 bereits lange Schatten auf das Ur-Modell. Technisch hatte es noch einmal einen Innovationsschub gegeben: Die Bremsanlage verfügte nunmehr über Scheiben rundum. Trotz des zum Teil parallel gebauten 911er-Modells fanden von 1963 bis 1965 noch gut 16.500 356 C einen Käufer.

Porsche 904 Carrera GTS

Baujahr	1963-1965
Motor-Bauart	Vierzylinder (Boxer), Sechszylinder (Boxer), Achtzylinder (Boxer)
Hubraum (cm³)	1966, 1991, 1982, 2195
Leistung (PS/U/min)	155 bei 6900 bis 270 bei 8600
Vmax in (km/h)	über 250
Bauart	Coupé

Einer der schönsten deutschen Sportwagen überhaupt war zweifellos der 904, der 1963 erschien. Das in nur rund 120 Exemplaren gefertigte Mittelmotor-Coupé war zudem der erste Porsche, der mit einer leichten Kunststoffkarosserie aufwartete. Das Material war vom Chemiekonzern BASF entwickelt worden. Dank seiner aerodynamisch ausgefeilten Karosserie, einem Gewicht von nur 650 Kilogramm und seinen 180 PS ergab sich ein atemberaubendes Fahrleistungspotenzial. Nur ganz wenige 904 wurden im Straßenverkehr eingesetzt, fast alle mehrten den Ruhm der Marke bei weltweiten Einsätzen im Motorsport.

Porsche 911, 911 L, 911 T, 911 S (ab 1967: A-Serie)

Baujahr	1964-1969
Motor-Bauart	Sechszylinder (Boxer)
Hubraum (cm³)	1991
Leistung (PS/U/min)	110 bei 5800 bis 160 bei 6600
Vmax in (km/h)	195 bis 220
Bauart	Coupé, Targa

Der Schritt vom 356 zum 911 war riesengroß. Zwei Liter Hubraum und 130 PS aus einem luftgekühlten Sechszylinder-Boxermotor bedeuteten einen echten Leistungssprung. Anfangs nur als Coupé lieferbar, schuf sich der 911 binnen kürzester Zeit eine ausgezeichnete Reputation wegen seiner sportlichen Auslegung und Erscheinung, die sich deutlich von der 356er-Linie abhob. Für die echten Elfer-Fans ist die alte, kreischende Zweiliter-Maschine übrigens immer noch das Nonplusultra, wenn es um spezifische Porsche-Faszination geht.

Baujahr	1965-1969
Motor-Bauart	Vierzylinder (Boxer)
Hubraum (cm³)	1582
Leistung (PS/U/min)	90 bei 5800
Vmax in (km/h)	180
Bauart	Coupé, Targa

Porsche 912

Die Kombination von neuer Karosserie und altem Vierzylinder sollte, so spekulierte man in Zuffenhausen, frustrierte Porsche-Kunden an die Marke binden, denen der 911 einfach zu teuer war. Leider täuschte man sich da. Der 1,6-Liter-Boxer aus dem 356 SC mühte sich redlich ab mit der neuen, schwereren Karosse des 912, und der Kaufpreis – obwohl günstiger als beim Elfer – war nach wie vor nicht von Pappe. Sein Identitätsproblem wurde der 912 jedenfalls zeitlebens nicht los. Er war eben nur ein Lückenfüller.

Porsche 911 E, 911 T, 911 S (B-Serie)

Ab 1968 bot Porsche den 911 in Form der Modelle T, E und S in drei verschiedenen Motorisierungen an. Die Rolle als Basisversion und Einsteigermodell sollte dabei der 911 T übernehmen, mit zuletzt 180 PS stellte der 911 S das Topmodell dar. Das Zwischenmodell für eher komfortorientierte Kunden taufte Porsche auf den Namen 911 E, wobei der Zusatz auf die mechanische Benzineinspritzung hinwies. In seinem Charakter gemahnte der „E" jedoch eher an den gemütlicheren 911 T.

Baujahr	1968-1971
Motor-Bauart	Sechszylinder (Boxer)
Hubraum (cm³)	1991, 2195
Leistung (PS/U/min)	110 bei 5800 bis 180 bei 6500
Vmax in (km/h)	195 bis 225
Bauart	Coupé, Targa

Baujahr	1971-1973
Motor-Bauart	Sechszylinder (Boxer)
Hubraum (cm³)	2341
Leistung (PS/U/min)	130 bei 5600 bis 190 bei 6500
Vmax in (km/h)	200 bis 230
Bauart	Coupé, Targa

Porsche 911 T, 911 E, 911 S (E- und F-Serie)

Nach gleicher Nomenklatur verfuhren die Stuttgarter mit der nächsten 911-Generation, die zwischen 1971 und 1973 bei den Händlern bestellt werden konnte. Die E-Serie sowie die später mit geringen Modifikationen bedachte F-Serie erhielten beide einen 2341 cm³ großen Motor in drei unterschiedlichen Leistungskategorien. Der damit einhergehende Pferdestärkenzuwachs sorgte dafür, dass der 190 PS starke 911 S im Jahre 1972 das schnellste in Deutschland gebaute Serienfahrzeug war.

Porsche 911, 911 S, Carrera (G- und I-Serie)

Für das Modelljahr 1974 brachte Porsche eine gründlich überarbeitete Facelift-Version des 911 an den Start. Das markanteste Merkmal des neuen Modells der G-Serie waren die wuchtigen Faltenbalg-Stoßstangen, die ein Zugeständnis an die strengen Sicherheitsbestimmungen in den USA darstellten, dem wichtigsten Exportmarkt der Stuttgarter. Die Kunden konnten wählen zwischen einem 150-PS-Basismodell, der 25 PS stärkeren S-Version und dem 210 PS leistenden Top-Modell namens Carrera 2.7. Die feuerverzinkte Karosserie, eine Pioniertat von Porsche, gehörte erst ab dem Jahr 1975 bei allen Elfern zur Serienausstattung.

Baujahr	1973-1978
Motor-Bauart	Sechszylinder (Boxer)
Hubraum (cm³)	2687, 2993
Leistung (PS/U/min)	150 bei 5700 bis 210 bei 6300
Vmax in (km/h)	205 bis 235
Bauart	Coupé, Targa

Porsche 912 E

Baujahr	1975-1976
Motor-Bauart	Vierzylinder (Boxer)
Hubraum (cm³)	1971
Leistung (PS/U/min)	87 bei 4900
Vmax in (km/h)	175
Bauart	Coupé

Dem US-Markt vorbehalten blieb eine Art Neuauflage des 912, nun 912 E genannt und auf dem vollverzinkten I-Modell ab 1975 basierend. Die inzwischen deutlich voluminösere und schwerere 911-Karosse war dabei mit einer massiv abgasgereinigten Version des Zweiliter-Boxervierzylinders aus dem 914 2.0 motorisiert, die nur noch bedenkliche 87 PS bereitstellte. Das Konzept funktionierte dann auch deutlich schlechter als das des ursprünglichen 912 und wurde zum Flop – in den beiden Produktionsjahren 1975 und 76 wurden nur 2000 Exemplare hergestellt.

Porsche 911 SC (K-Modell)

Baujahr	1977-1983
Motor-Bauart	Sechszylinder (Boxer)
Hubraum (cm³)	2994
Leistung (PS/U/min)	180 bei 5500 bis 204 bei 5900
Vmax in (km/h)	225 bis 235
Bauart	Coupé, Targa, Cabriolet

Eigentlich war der 911 Ende der siebziger Jahre schon todgeweiht – die technisch etwas anachronistische Sportwagenlegende schien am Ende ihres Lebenszyklus angekommen zu sein. In Fahrzeugen wie dem 928 sollte die Zukunft von Porsche liegen. So zeigte sich die 1977 auf den Markt gekommene SC-Version des 911 weichgespült und durstig. Mit nur noch 180 abgasgereinigten PS aus dem Dreiliter-Sechszylinder war kaum mehr Staat zu machen. Aber Porsche besann sich in den Folgejahren eines Besseren und gönnte dem SC weitere Entwicklungsschritte, die ihn wieder bis auf 204 PS erstarken ließen. Alle Autofans wissen, wie es weiterging: Der Elfer ist immer noch unter uns und stärker denn je, an den 928 erinnert sich dagegen kaum mehr jemand.

Baujahr	1983-1989
Motor-Bauart	Sechszylinder (Boxer)
Hubraum (cm³)	3164
Leistung (PS/U/min)	231 bei 5900 (mit Kat: 207 bei 5900 und 217 bei 5900)
Vmax in (km/h)	235 bis 245
Bauart	Coupé, Targa, Cabriolet

Porsche 911 Carrera (3,2 Liter)

Unter der seit 1981 neuen Firmenleitung wurde nun wieder gezielt der klassische Porsche schlechthin gepflegt statt ihn dahinsiechen zu lassen. Mit dem 1983 eingeführten Carrera (3,2) erlebte der Elfer einen neuen Frühling. Stärkere Motoren, ein neues Getriebe sowie die Einführung eines Vollcabriolets, das sich so viele jahrelang ersehnt hatten, gaben ihm einen gewaltigen Schub.

Baujahr	1988-1994
Motor-Bauart	Sechszylinder (Boxer)
Hubraum (cm³)	3600
Leistung (PS/U/min)	250 bei 6100
Vmax in (km/h)	260
Bauart	Coupé (auch mit entfernbarem Dachteil), Cabriolet, Speedster

Porsche 911 Carrera, 911 Targa (964)

Entgegen ursprünglichen Planungen ließ Porsche den Elfer nicht sterben sondern setzte verstärkt auf ihn: 1988 mit dem vollkommen neu konstruierten 911 der Baureihe 964. Bei fast gleich bleibender Optik gab es unter dem Blech einen wahren Modernitätsschub: 3,6-Liter-Motor mit 250 PS, Servolenkung, neue Fahrwerkskomponenten, ABS, Airbags und sogar mit dem Carrera 4 ein allradgetriebenes Modell. Weiterhin waren die bekannten Karosserievarianten Coupé, Targa und Cabrio erhältlich. Die Modellreihe 964 gilt als die Geburtsstunde des 911 zeitgemäßer Prägung.

Baujahr	1993-1998
Motor-Bauart	Sechszylinder (Boxer)
Hubraum (cm³)	3600
Leistung (PS/U/min)	272 bei 6100 bis 286 bei 6500
Vmax in (km/h)	265 bis 275
Bauart	Coupé, Targa, Cabriolet

Porsche 911 Carrera, 911 Targa (993)

Als Nachfolger der 964er Serie präsentierte Porsche 1993 als neueste Generation des Elfers die Baureihe 993. In ihr gelangten die technischen Innovationen, die den 964 kennzeichneten, zu endgültiger Reife – gepaart mit einer deutlich erkennbaren Modernisierung der traditionellen Linienführung, die nicht alle Fans begeisterte. Der 3,6-Liter-Boxermotor leistete nun 272, später sogar 286 PS. Serienmäßig wurde nun ein Sechsganggetriebe verbaut. Erstmals gab es eine neu konzipierte Targa-Version mit großem gläsernen Schiebedach. Der 993 sollte der letzte Elfer mit luftgekühltem Motor sein.

Baujahr	1997-2004
Motor-Bauart	Sechszylinder (Boxer)
Hubraum (cm³)	3387, 3596
Leistung (PS/U/min)	300 bei 6800 bis 320 bei 6800
Vmax in (km/h)	280 bis 285
Bauart	Coupé, Targa, Cabriolet

Porsche 911 Carrera, 911 Cabrio (996)

1997 begann mit der nächsten Modellgeneration namens 996 eine neue Zeitrechnung für den klassischen Elfer. Mit wassergekühltem Motor, komplett neuer Innenraumgestaltung, reduziertem Fertigungsaufwand und verstärkter Ausrichtung auf Komfort wurde die schon beim 993 angedeutete Neupositionierung des 911 endgültig vollzogen. Mit zunächst 300, ab 2002 320 PS setzte er leistungsmäßig aber auch neue Bestmarken. Zwar mundete die ein weiteres Mal geglättete klassische Linienführung nicht allen 911-Liebhabern, aber bis heute gelten die Modelle der 996-Generation als extrem solide und ausgereift.

Baujahr	2004-2011
Motor-Bauart	Sechszylinder (Boxer)
Hubraum (cm³)	3596
Leistung (PS/U/min)	325 bei 6800 bis 381 bei 7200
Vmax in (km/h)	285 bis 300
Bauart	Coupé, Targa, Cabriolet

Porsche 911 Carrera, 911 Cabrio (997)

Der nächste Modellwechsel der 911-Baureihe fand 2004 statt. Porsche wandte sich bei der Baureihe 997 vor allem einer verbesserten optischen Gestaltung der klassischen 911-Grundform zu. Mit dem aus dem 996 bekannten 3,6-Liter-Motor, nun auf 325 bzw. in der S-Version 355 (später 385) PS erstarkt, und einer äußerst attraktiven Linienführung, die sich an traditionellen Gestaltungsmustern orientierte, setzte der neue Elfer wieder Maßstäbe – zumal er auch ein wenig mehr in Richtung Sport als in Richtung Komfort getrimmt wurde. Als Cabrio und ab Ende 2006 auch als Targa lieferbar löste der 997 wieder eine echte 911-Welle aus.

S GO 4011
Carrera 4GTS

Porsche 911 Carrera 2/4 GTS (997/2)

Kurz vor der Ablösung der 997-Generation im Jahr 2011 gab Porsche dem aktuellen Elfer noch einmal kräftig die Sporen. Mit einem extrastarken Sportmodel namens Carrera GTS, das im Herbst 2010 erschien, wollte man ein Zeichen setzten. Mit auf 408 PS leistungsgesteigertem Motor und wahlweise Zwei- oder Vierradantrieb sowie üppiger Sonderausstattung versehen präsentierte es sich als besonders verlockendes Angebot. Der Carrera GTS konnte in Coupé- oder Cabrioform geordert werden und bot natürlich noch einmal verbesserte Fahrleistungen mit einer Höchstgeschwindigkeit von knapp 310 km/h.

Baujahr	20010
Motor-Bauart	Sechszylinder (Boxer)
Hubraum (cm³)	3800
Leistung (PS/U/min)	408 bei 7300
Vmax in (km/h)	308
Bauart	Coupé, Cabriolet

Baujahr	1975-1989
Motor-Bauart	Sechszylinder (Boxer)
Hubraum (cm³)	2993, 3299
Leistung (PS/U/min)	260 bei 5500 bis 300 bei 5500
Vmax in (km/h)	250 bis 270
Bauart	Coupé, Cabriolet

Porsche 911 Turbo (930)

Das Jahr 1975 brachte einen neuen Höhepunkt in der Geschichte des ultimativen Heckmotor-Sportwagens: Der Porsche turbo betrat die Bühne. Durch die Einführung des im Rennsport erprobten Turboladers in die Serienfahrzeugproduktion wurde aus einem normalen Dreiliter-Carrera ein wahres Monster. Mit seinen zunächst 260 PS katapultierte sich der Turbo zumindest in der Beschleunigung auf eine Ebene mit den schnellsten Ferrari- und Lamborghini-Modellen. Die faszinierende Kraftentfaltung wurde zur Legende.

Porsche 911 Turbo (964)

1991 brachte Porsche den Turbo der Modellgeneration 964 auf den Markt. Im Heck war der 3,3-Liter-Sechszylinder-Boxer seines Vorgängers montiert, der 320 PS leistete. Zum Missfallen der Fangemeinde setzte sich der neue Turbo damit zu wenig vom normalen Saug-Elfer ab, dessen inzwischen auf 3,6 Liter Hubraum gewachsener Motor immerhin schon 250 PS lieferte. Ab Ende 1992 erhörte man in Zuffenhausen die Klagen der Porsche-Jünger und rüstete den Turbo mit einer aufgeladenen Version des 3,6-Liters aus, die mit 360 PS den standesgemäßen PS-Abstand wiederherstellte.

Baujahr	1991-1994
Motor-Bauart	Sechszylinder (Boxer)
Hubraum (cm³)	3299, 3600
Leistung (PS/U/min)	320 bei 5750 bis 360 bei 5500
Vmax in (km/h)	270 bis 280
Bauart	Coupé

Porsche 911 Turbo (993)

Das Spitzenmodell der 993-Baureihe, der Turbo, wurde Ende 1995 präsentiert und man wiederholte nicht den Fehler, den neuen Turbo zu wenig von den Saugmotor-Elfern abzusetzen. Erheblich weiterentwickelt und mit zwei statt einem Turbolader ausgestattet stellte der 3,6-Liter-Boxermotor nun 408 PS bereit und überschritt damit eine magische Grenze. 1997 und 1998 war auf spezielle Order noch eine weitere Ausbaustufe des Turbo zu haben: der Turbo S mit 435 bzw. 450 PS. Beide Motorversionen waren als werkseitige Leistungssteigerung gegen satten Aufpreis erhältlich.

Baujahr	1995-1998
Motor-Bauart	Sechszylinder (Boxer)
Hubraum (cm³)	3600
Leistung (PS/U/min)	408 bei 5750 bis 450 bei 5750
Vmax in (km/h)	290
Bauart	Coupé

Baujahr	2000-2005
Motor-Bauart	Sechszylinder (Boxer)
Hubraum (cm³)	3600
Leistung (PS/U/min)	420 bei 6000 bis 450 bei 5700
Vmax in (km/h)	300 bis 310
Bauart	Coupé, Cabriolet

Porsche 911 Turbo (996)

Auch nach dem einschneidenden Modellwechsel vom 993 auf den 996 mit nun wassergekühltem Motor behielt der Turbo seine Spitzenstellung innerhalb der Modellpalette des Elfers. Ende 2000 kam die neue Ausgabe auf den Markt. Der komplett neu konstruierte Sechszylinder basierte auf dem Triebwerk des GT1 (s.o.), hatte 3,6 Liter Hubraum und war mit zwei Turboladern und ebenfalls zwei Ladeluftkühlern ausgestattet. Das Datenblatt notierte in der Serienausführung 420 PS. Später war – analog zum Turbo der 993er Serie – gegen Aufpreis eine Werksleistungssteigerung auf 450 PS verfügbar. Mit diesem Triebwerk serienmäßig gab es ab Herbst 2004 auch einen Turbo S.

Porsche 911 Turbo (997)

Knapp zwei Jahre nach Einführung der Modellgeneration 997 kam im Sommer 2006 die aktualisierte Turboversion heraus. Technisches Highlight war die erstmals in einem Serienfahrzeug mit Ottomotor realisierte variable Turbinengeometrie der beiden Lader, die für ein wesentlich verbessertes Ansprechverhalten sorgte. Grundsätzlich standen im neuen Turbo nun 480 PS zu Buche. Ab 2007 gab es den Turbo auch als Cabrio und ab 2009 nach einer größeren Modellpflege mit innovativer Direkteinspritzung, die für günstigere Verbrauchs- und Abgaswerte aber auch eine Leistungssteigerung auf 500 bzw. im S-Modell 530 PS sorgte.

Baujahr	seit 2006
Motor-Bauart	Sechszylinder (Boxer)
Hubraum (cm³)	3600
Leistung (PS/U/min)	480 bei 6000 bis 530 bei 6750
Vmax in (km/h)	310 bis 315
Bauart	Coupé, Cabriolet

Baujahr	1972-1975
Motor-Bauart	Sechszylinder (Boxer)
Hubraum (cm³)	2687
Leistung (PS/U/min)	210 bei 6300
Vmax in (km/h)	240
Bauart	Coupé

Porsche 911 Carrera RS 2.7

Dieses als Basisfahrzeug für den Motorsporteinsatz gedachte Modell aus dem Jahre 1972 kann als die Quintessenz des klassischen Porsche- und des 911-Konzepts gelten: Eine reine Fahrmaschine, reduziert aufs Wesentliche, mit geringem Gewicht und dafür umso mehr Leistung. 210 PS aus 2,7 Litern Hubraum waren eine explosive Mischung im unruhigen Elfer-Heck. Der epochemachende Heckspoiler, Bürzel genannt, und die Kriegsbemalung ließen auch von außen keinen Zweifel an der Zweckbestimmung des RS aufkommen.

Porsche 911 Carrera RS (964)

Der 911 mit dem Typcode 964 war von 1988 bis 1994 auf dem Markt und stellte den letzten Elfer in klassischer Optik dar. Porsche hatte nach einer tiefgehenden Sinn- und auch Absatzkrise mit ihm wieder zum 911 zurückgefunden, der nur wenige Jahre zuvor schon zum Auslaufmodell erklärt worden war. Mit dem nun 3,8 Liter großen, luftgekühlten Sechszylinder-Boxermotor und um 300 kg gewichtsreduziert rief die 300 PS starke Sportversion Carrera RS lebhafte Erinnerungen an den alten Carrera RS 2,7 hervor. Mit knallhartem Fahrwerk und auf Wunsch sogar ohne Geräuschdämmung im spartanischen Innenraum zelebrierte der RS zur Freude der Fans endlich wieder die reine Lehre des Sportwagenbaus.

Baujahr	1988-1994
Motor-Bauart	Sechszylinder (Boxer)
Hubraum (cm³)	3600
Leistung (PS/U/min)	260 bei 6200
Vmax in (km/h)	260
Bauart	Coupé

HN GB 911

Baujahr	1995-1998
Motor-Bauart	Sechszylinder (Boxer)
Hubraum (cm³)	3600
Leistung (PS/U/min)	430 bei 5750
Vmax in (km/h)	295
Bauart	Coupé

Porsche 911 GT2 (993)

Im Einklang mit neuen Motorsportreglements brachte Porsche 1995 eine erste Sportversion des Turbo heraus, die GT2 genannt und lediglich in 172 Exemplaren gefertigt wurde. Um das Leistungsgewicht des Fahrzeugs zu reduzieren wurden sämtliche Komfortextras entfernt, das Fahrwerk dem Einsatzzweck entsprechend optimiert und die Aerodynamik im Sinne höherer Fahrstabilität verbessert. Der luftgekühlte Turbomotor leistete nun 430 PS. Ab 1998 gab es eine überarbeitete Version des GT2 mit 450 PS und knapp unter 1300 kg Gewicht, von der aber nur 21 Exemplare verkauft werden konnten.

Porsche 911 GT2 (996)

Im Unterscheid zu seinem Vorgänger der 993er Serie war die GT2-Version des 996 ausschließlich als Straßenfahrzeug konzipiert. Gleichwohl verfügte sie über zahlreiche attraktive Ausstattungsdetails aus der Motorsportpraxis, die aber die höhere Alltagstauglichkeit des 996 GT2 weit weniger einschränkten. Als Resultat konnte Porsche fast 1000 Exemplare dieses etwas zivilisierteren Modells verkaufen. Der Turbomotor des GT2 war auf 462 PS leistungsgesteigert worden. Noch einmal 21 Mehr-PS kamen dann mit einer überarbeiteten und erneut gewichtsreduzierten Version im Frühjahr 2003 hinzu.

Baujahr	2000-2003
Motor-Bauart	Sechszylinder (Boxer)
Hubraum (cm³)	3600
Leistung (PS/U/min)	462 bei 5700 bis 483 bei k.A.
Vmax in (km/h)	315
Bauart	Coupé

GT 2

Porsche 911 GT2 (997)

Baujahr	2007-2011
Motor-Bauart	Sechszylinder (Boxer)
Hubraum (cm³)	3600
Leistung (PS/U/min)	530 bei 6500
Vmax in (km/h)	329
Bauart	Coupé

2007 legte Porsche auch eine GT2-Version der aktuellen 997er Serie nach. Ungebrochen setzte sich die Leistungsexplosion fort: 530 PS produzierte nun der Sechszylinder-Boxermotor im Heck. Zusammen mit einer Reduzierung des Fahrzeuggewichts ergaben sich dadurch Fahrleistungswerte wie sie zuvor noch kein straßenzulassungsfähiger Porsche erreicht hatte. Wie schon bei seinem Vorgänger war der 997 GT2 ein normal erhältliches Serienfahrzeug der Porsche Modellpalette. Auf 500 Exemplare limitiert war dagegen der in Frühjahr 2010 präsentierte GT2 RS mit 620 PS, der eher die Rolle eines so gerade noch straßenzulassungsfähigen Rennwagens spielte.

Porsche 911 GT3 (996)

Mit der neuen Generation wassergekühlter Elfer nahm Porsche 1999 auch wieder die Tradition hochsportlicher Varianten im Stil des legendären 911 Carrera RS 2.7 aus den frühen siebziger Jahren auf. Das nun GT3 genannte Sportmodell auf Basis des Saugmotor-911 verzichtete aus Gewichtsgründen auf die üblichen Komfortextras und war mit einer auf 360 PS, später bei der zweiten Generation auf 381 PS leistungsgesteigerten Version des 3,6-Liter-Boxertriebwerks ausgerüstet. Darüber hinaus gab es etliche Modifikationen in Sachen Fahrwerk und Aerodynamik um der höheren Leistungsausbeute gerecht zu werden.

Baujahr	2003-2004
Motor-Bauart	Sechszylinder (Boxer)
Hubraum (cm³)	3600
Leistung (PS/U/min)	360 bei 7200 bis 381 bei 7400
Vmax in (km/h)	302 bis 306
Bauart	Coupé

Baujahr	2006-2008
Motor-Bauart	Sechszylinder (Boxer)
Hubraum (cm³)	3600
Leistung (PS/U/min)	415 bei 7600
Vmax in (km/h)	310
Bauart	Coupé

Porsche 911 GT3 (997) (2006-2008)

Im Frühjahr 2006 präsentierten die Zuffenhausener in konsequenter Folge den GT3 der Elfer-Generation 997. Neben einem erneuten Leistungszuwachs auf 415 PS sorgten weitere Verfeinerungen der Fahrwerksauslegung samt neuer elektronischer Regelsysteme dafür, dass das extreme Fahrleistungspotenzial dieses Sport-Elfers sicher ausgeschöpft werden konnte. Die Positionierung des GT3 als serienmäßig lieferbare, auf Straßennutzung abgestimmte Sportversion des normalen 911 wurde auch bei der 997-Generation beibehalten.

Porsche 911 GT3 (997) (2009-2011)

Baujahr	2009-2011
Motor-Bauart	Sechszylinder (Boxer)
Hubraum (cm³)	3797
Leistung (PS/U/min)	435 bei 7800
Vmax in (km/h)	312
Bauart	Coupé

Schneller, schöner, teurer: Tiefgreifend überarbeitet kam 2009 die modellgepflegte neue Ausgabe des GT3 auf den Markt. Das Sechszylinder-Boxertriebwerk im Heck – auf 3,8 Liter vergrößert – stellte nun 435 PS zur Verfügung, wies aber nicht die kurz zuvor für die zivilen Modelle eingeführte Benzindirekteinspritzung auf. Von außen war der neue einteilige Heckflügel augenfälligstes Erkennungszeichen der aktualisierten GT3-Modelle, die nun serienmäßigen Zentralverschlussfelgen bedurften schon eher eines Kennerblicks.

Porsche 911 GT3 RS (996)

Baujahr	2003-2004
Motor-Bauart	Sechszylinder (Boxer)
Hubraum (cm³)	3600
Leistung (PS/U/min)	381 bei 7400
Vmax in (km/h)	306
Bauart	Coupé

Nachdem die GT3-Modelle zu serienmäßig lieferbaren Sportversionen des Elfers geworden und nicht mehr ganz so kompromisslos in Richtung Rennwagen ausgelegt waren, übernahmen die RS-Modelle die Funktion der echten Supersportler. Weitere Gewichtsreduzierung und die generelle Ausrüstung mit dem 381-PS-Motor kennzeichneten sie. Vor dem Hintergrund möglicher Motorsporteinsätze gab es eine Vielzahl technischer Spezifikationen, die die mechanische Belastbarkeit verschiedenster Technikkomponenten gegenüber den eher straßenorientierten GT3 erhöhte.

Porsche 911 GT3 RS (997) (2006-2009)

Ab 2006 gab es auch eine RS-Version des 911 GT3 der Modellgeneration 997. Der als Homologationsmodell für den GT-Rennsport gedachte supersportliche RS war mit einer 415 PS starken Variante des 3,6-Liter-Saugmotors ausgerüstet. Typisch für die RS-Modelle war neben einem um 20 kg verringerten Fahrzeuggewicht eine im Heckbereich um 44 mm verbreiterte Karosserie und die serienmäßige Ausrüstung mit Motorsportzubehörteilen, wie einem Sechspunktgurt, einem Überrollkäfig und einem Feuerlöscher.

Baujahr	2006-2009
Motor-Bauart	Sechszylinder (Boxer)
Hubraum (cm³)	3600
Leistung (PS/U/min)	415 bei 7600
Vmax in (km/h)	310
Bauart	Coupé

Porsche 911 GT3 RS (997) (2010-2011)

Ab Anfang 2010 war eine weitere Leistungsspritze für den RS vonnöten, stellte der seit 2009 erhältliche „normale" GT3 mit 3,8-Liter-Triebwerk doch satte 435 PS bereit, während es beim bis dahin lieferbaren RS „nur" 415 waren. Neben anderen Verbesserungen am Chassis und im Innenraum stand deshalb die Leistungssteigerung des Sechszylinder-Saugmotors im Mittelpunkt des Interesses. Aus der auf 3,8 Liter vergrößerten Maschine holten die Porsche Ingenieure nun volle 450 PS heraus und sicherten damit dem RS wieder die gewohnte Spitzenposition in Sachen Motorleistung.

Baujahr	2009-2011
Motor-Bauart	Sechszylinder (Boxer)
Hubraum (cm³)	3797
Leistung (PS/U/min)	450 bei 7900
Vmax in (km/h)	312
Bauart	Coupé

Baujahr	2011
Motor-Bauart	Sechszylinder (Boxer)
Hubraum (cm³)	3998
Leistung (PS/U/min)	500 bei 8250
Vmax in (km/h)	310
Bauart	Coupé

Porsche 911 GT3 RS 4.0 (997)

Vor dem Hintergrund des nächsten Generationswechsels der 911-Baureihe im Herbst 2011 schob Porsche quasi als Höhe- und Schlusspunkt der Motorenentwicklung der 997er Modelle im Sommer eine auf 600 Fahrzeuge limitierte Sonderedition des RS nach. Mit recht auffälliger Kriegsbemalung und vollen vier Litern Hubraum standen jetzt runde 500 PS für den RS 4.0 zu Buche. Zugleich wurde die Produktion des GT3 RS mit 3,8-Liter-Motor eingestellt. Bereits vor dem Fertigungsbeginn dieses fast 180.000 Euro teuren Modells, waren sämtliche 600 geplanten Exemplare bereits verkauft.

Baujahr	1977-1986
Motor-Bauart	V8
Hubraum (cm³)	4474, 4664
Leistung (PS/U/min)	240 bei 5250
	bis 310 bei 5900
Vmax in (km/h)	225 bis 255
Bauart	Coupé

Porsche 928, 928 S

Nur ein Jahr nach dem 924, an dem die gusseisernen Porsche-, d.h. 911-Fans schon viel zu knabbern hatten, der aber insgesamt ein Erfolg für die Marke wurde, präsentierten die Zuffenhausener den 928, ein sportliches Langstrecken-Coupé mit wassergekühltem, 4,5 Liter großem Frontmotor-V8 und innovativen Karosserielinien. Unter der seinerzeitigen Firmenleitung schien das Ende des 911 beschlossene Sache zu sein und die Zukunft in solchen für modern gehaltenen Fahrzeugkonzepten zu liegen. Technisch und fahrdynamisch war der 2+2-sitzige Sportwagen zweifellos eine Offenbarung, aber er polarisierte enorm. Diejenigen, die ihn letztlich kauften, waren begeistert, für viele andere Porsche-Fans und potenzielle Kunden war und blieb er letztlich ein rotes Tuch.

Baujahr	1976-1985
Motor-Bauart	Vierzylinder (Reihe)
Hubraum (cm³)	1984, 2479
Leistung (PS/U/min)	125 bei 5800 bis 177 bei 5500
Vmax in (km/h)	195 bis 230
Bauart	Coupé

Porsche 924, 924 Turbo, 924 S

Trotz großer Verkaufserfolge könnte man mit einigem Recht behaupten, dass mit der Markteinführung des 924 die bis dahin schwierigste Phase des Unternehmens Porsche begann. In der Nachbetrachtung beschädigte er zeitweilig den Ruf der Zuffenhausener Marke. Weder die etwas anfälligen und durstigen Turbo-Versionen noch die mit dem 924 S vorgenommene Ablösung des rau laufenden Einspritz-Vierzylinders durch den von Porsche selbst konstruierten 944-Motor im Jahre 1985 konnten verhindern, dass sich das Frontmotorkonzept letztlich als Sackgasse erwies.

Baujahr	1980-1981
Motor-Bauart	Vierzylinder (Reihe)
Hubraum (cm³)	1984
Leistung (PS/U/min)	210 bei 6000 bis 280 bei k.A.
Vmax in (km/h)	240 bis 270
Bauart	Coupé

Porsche 924 Carrera GT, 924 Carrera GTS, 924 Carrera GTR

Um auch mit dem 924 im internationalen Motorsport mitmischen zu können legte Porsche im Jahr 1980 eine Sonderserie extrem rennorientierter Versionen des Turbo-Modells auf. Der Carrera GT präsentierte sich in etwas martialischer Optik mit aufgesetzten Kotflügelverbreiterungen und auf die Motorhaube platzierter Lufthutze. Mit 210 PS Leistung drang er in die Fahrleistungsbereiche der seinerzeitigen 911er vor. Noch besser freilich konnten es die kaum mehr straßentauglichen Varianten GTS und GTR, deren aufgeladene Vierzylinder stramme 280 PS bereit stellten. Von diesen wurden insgesamt nur 50 Exemplare hergestellt.

Baujahr	1981-1991
Motor-Bauart	Vierzylinder (Reihe)
Hubraum (cm³)	2479, 2681, 2990
Leistung (PS/U/min)	163 bei 5800 bis 250 bei 6000
Vmax in (km/h)	233 bis 240
Bauart	Coupé, Cabriolet

Porsche 944, 944 Turbo, 944 S2

Nachdem die Absatzzahlen des 924 mittlerweile erheblich abgesackt waren, brachte Porsche 1981 mit dem 944 ein Fahrzeug auf den Markt, das die Handschrift der Zuffenhausener wieder deutlicher zeigte. Zwar hatte das Geld für eine komplett neue Karosserie gefehlt, aber die vorgenommenen optischen Retuschen und vor allem der brandneue Porsche eigene Vierzylinder setzten eine Menge positive Akzente. 1984 reichte man – wie erwartet – eine Turbo-Version mit zunächst 220, später 250 PS nach. Mit auf 2,7 Liter vergrößertem sowie mit einem Vierventil-Zylinderkopf versehenen Triebwerk und 190 PS kam 1986 der 944 S in die Verkaufsräume, der 1988 wiederum vom S2 abgelöst wurde, dessen Motor volle drei Liter Hubraum aufwies und 211 PS leistete.

Baujahr	1991-1995
Motor-Bauart	Vierzylinder (Reihe)
Hubraum (cm³)	2990
Leistung (PS/U/min)	240 bei 6200
Vmax in (km/h)	240
Bauart	Coupé, Cabrio

Porsche 968 Coupé, 968 CS Coupé, 968 Cabriolet, 968 Turbo S

In der Porsche-Kasse herrschte zu Beginn der neunziger Jahre beängstigende Ebbe. Der 911 war zwar zum Glück wiederbelebt und verkaufte sich recht gut, die Vier- und Achtzylinder-Baureihen schienen jedoch keine wirkliche Zukunft zu haben. Mit dem 968 kam Ende 1991 noch einmal ein neuer Aufguss des 944-Themas, diesmal mit einem auf sagenhafte 3 Liter Hubraum gebrachten Vierzylinder und 240 PS. Trotz mancher optischer Retuschen an Front und Heck kam der 968 auf den ersten Blick immer noch daher wie ein 924, der für Porsches Image nicht nur Gutes getan hatte. Technisch lagen mittlerweile jedoch Welten zwischen beiden Typen, vor allem aber preislich: Um die 100.000 Mark musste bezahlen, wer ein 968 Coupé oder das später nachgeschobene hübschere Cabrio erstehen wollte.

Baujahr	1986-1988
Motor-Bauart	Sechszylinder (Boxer)
Hubraum (cm³)	2850
Leistung (PS/U/min)	450 bei 6500
Vmax in (km/h)	315
Bauart	Coupé

Porsche 959

Die Zuffenhausener begannen in den späten achtziger Jahren wieder an Stärke zu gewinnen und vor allem wieder ihren Weg zu erkennen. Das zeigte der 1986 vorgestellte 959, ein geniales High-tech-Monster, das alles an hochgestochener Automobiltechnik an Bord hatte, was vor gut 20 Jahren machbar war. Ursprünglich als limitiert aufgelegtes Basisfahrzeug für den Motorsport gedacht, wurde der 959 schließlich zu einem Technologie- und Imageträger für Porsche, den sich Superreiche auch in die Garage stellen konnten. Mit zwei Turboladern leistete der knapp 2,9 Liter große Sechszylinder-Boxermotor 450 PS, permanenter Allradantrieb und Sechsganggetriebe rundeten die Spezifikation des auch optisch spektakulär in Szene gesetzten Über-Autos ab.

Baujahr	1996-1998
Motor-Bauart	Sechszylinder (Boxer)
Hubraum (cm³)	3163, 3200, 3220
Leistung (PS/U/min)	544 bei 7200 bis 600 bei 7200
Vmax in (km/h)	310 bis 325
Bauart	Coupé

Porsche 911 GT1

Als Fahrzeug für den Rennsporteinsatz erblickte dieser extremste 911 1996 die Welt. Mit als Mittelmotor angeordnetem wassergekühltem Sechszylinder-Biturbotriebwerk und Leistungen zwischen 544 und 600 PS hatte er mit seinem Namensgeber technisch allerdings nicht mehr viel zu tun. 1996 bis 1998 gab es vom GT1 insgesamt drei Evolutionsstufen, alle am jeweils gültigen Motorsportreglement ausgerichtet. Dementsprechend war auch die Fertigung einiger straßentauglicher Exemplare notwendig – mehr als insgesamt rund 10 Fahrzeuge aller drei Versionen dürften es aber nicht gewesen sein.

Baujahr	seit 1996
Motor-Bauart	Sechszylinder (Boxer)
Hubraum (cm³)	2480, 2687, 2893, 3179, 3387, 3426
Leistung (PS/U/min)	204 bei 6000 bis 320 bei 6400
Vmax in (km/h)	240 bis 275
Bauart	Roadster

Porsche Boxster (987)

In der Geschichte des Hauses Porsche kommt dem Boxster ganz besonderer Rang zu. Nach dem Ende der letztlich kaum mehr verkäuflichen Vier- und Achtzylinder-Baureihen mit Frontmotor (944 S2, 968, 928) und der anschließenden risikoreichen 911-Monokultur kam 1996 mit dem Boxster der Befreiungsschlag aus der Firmenkrise. Ein nach historischen Vorbildern gestylter Mittelmotor-Roadster mit 2,5 Liter großem wassergekühltem Sechszylinder-Boxermotor – preislich klar unterhalb des 911 positioniert – war genau das Auto, das Porsche brauchte. Es wurde ein sofortiger Verkaufshit und überzeugte mit seinen Fähigkeiten ein weltweites Publikum. Bis heute spielt der Boxster – mannigfach modellgepflegt – erfolgreich die Rolle als Einsteigermodell in die Porsche Welt.

Porsche Carrera GT

Die Zuffenhausener Sportwagenbauer fühlten sich 2003 veranlasst, ihre ganze Technikkompetenz in einen ungemein faszinierenden, wenn auch weitgehend zweckfreien Supersportwagen einfließen zu lassen. Das Sahnestück namens Carrera GT besaß alles, was gut und teuer war: ein aus kohlefaserverstärktem Kunststoff gefertigtes Chassis, einen für den Rennsport konzipierten 5,7-Liter-V10-Motor und eine hinreißend geformte Roadster-Karosserie mit herausnehmbaren Dachteilen. Das 612 PS starke Triebwerk vermittelte im unter 1400 kg wiegenden Carrera GT reine Rennatmosphäre, vom unglaublichen Sound bis zu den atemberaubenden Fahrleistungen mit einer Höchstgeschwindigkeit jenseits von 330 km/h.

Baujahr	2003-2006
Motor-Bauart	V10
Hubraum (cm³)	5733
Leistung (PS/U/min)	612 bei 8000
Vmax in (km/h)	334
Bauart	Roadster

Baujahr	seit 2002
Motor-Bauart	V8
Hubraum (cm³)	4806
Leistung (PS/U/min)	500 bei 6000
Vmax in (km/h)	280
Bauart	SUV

Porsche Cayenne Turbo

Auch Porsche konnte und wollte sich nicht dem seit Beginn des neuen Jahrtausends entwickelnden weltweiten Boom der sogenannten SUV-Fahrzeuge verschließen. Der Ende 2002 präsentierte Cayenne eröffnete eine dritte höchst erfolgreiche Modelllinie der Marke und betonte die sportliche Seite des SUV-Angebots. Technisch gesehen war der Cayenne – wie sein ein Jahr später auf den Markt gekommener Bruder VW Touareg – ein echter Alleskönner. Hoch entwickelte Fahrwerks- und Allradtechnologie machten ihn auf der Straße wie im Gelände zu einem Ausnahmeautomobil. Zum Marktstart war er mit einem 3,2 Liter großen V6 sowie alternativ mit einem 4,5 Liter großen V8 als Sauger oder Turbomotor zu haben. Ganz aktuell ist er auch mit einen 240 PS starken Dreiliter-V6-Diesel erhältlich.

Baujahr	seit 2003
Motor-Bauart	Sechszylinder (Boxer)
Hubraum (cm³)	2687, 3387, 3436
Leistung (PS/U/min)	245 bei 6500 bis 330 bei 7400
Vmax in (km/h)	260 bis 282
Bauart	Coupé

Porsche Cayman

Seit 2003 produziert Porsche das Mittelmotor-Coupé Cayman. Es basiert auf dem Boxster, ist aber insgesamt sportlicher ausgelegt und liegt in der Modellhierarchie über ihm. Im Lauf der Jahre hat sich der Cayman mit seinem hochmodernen Konzept und in der Spitzenversion mittlerweile 330 PS zu einer kompakteren, fahraktiveren Alternative zum klassischen 911 etabliert. Mit praktischer Heckklappe und angemessenem Platzangebot weiß er überdies im Alltag zu überzeugen. Die Unterschiede in den erreichbaren Fahrleistungen zwischen Cayman und 911 sind ebenfalls kaum mehr vorhanden – ganz im Gegensatz zum Einstandspreis: ein Cayman S ist über 30.000 Euro billiger zu haben.

Porsche Panamera turbo S

Neben 911, Boxster, Cayman und Cayenne legt Porsche 2009 mit dem Panamera eine vierte Modelllinie auf Kiel. Mit diesem Fahrzeug entert Porsche erstmals den Markt klassischer viertüriger Limousinen. Technisch bedient sich der Panamera vornehmlich der Komponenten des Cayenne, so zum Beispiel dessen Motorenpalette, die sich vom V6- bis zum turbogeladenen V8-Triebwerk spannt. Optisch zeigt er eine gelungene Mischung aus Gestaltungselementen des 911 und des Cayenne, die für eine hohe Familienähnlichkeit sorgt.

Baujahr	seit 2009
Motor-Bauart	V8
Hubraum (cm³)	4806
Leistung (PS/U/min)	500 bei 6000 bis 550 bei 6000
Vmax in (km/h)	303-306
Bauart	Limousine (5-türig)

Baujahr	1969-1974
Motor-Bauart	Vierzylinder (Reihe)
Hubraum (cm³)	1177
Leistung (PS/U/min)	65 bei 5500
Vmax in (km/h)	180
Bauart	Coupé

Thurner RS

Dem Enthusiasmus des unermüdlichen Gerhard Thurner ist die Existenz eines der wenigen ernstzunehmenden deutschen Kleinstserien-Sportwagen zu verdanken: des Thurner RS. Die ebenmäßige Kunststoffkarosserie verfügte über die so prestigeträchtigen Flügeltüren, einen einfachen, aber sorgfältig gestalteten Innenraum sowie NSU-TT-Mechanik im Heck. Dies alles addierte sich bei nur 640 Kilo Gewicht zu beachtlichem Fahrspaß, wenn sich auch mancher Kunde ein paar PS mehr gewünscht hätte. Insgesamt 121 Exemplare des Thurner RS wurden gefertigt. Die bis heute übrig gebliebenen Fahrzeuge befinden sich in festen Sammlerhänden.

Baujahr	1983
Motor-Bauart	Fünfzylinder (Reihe)
Hubraum (cm³)	2144
Leistung (PS/U/min)	200 bei 5800
Vmax in (km/h)	230
Bauart	Coupé/Cabrio

Treser quattro roadster

Ab 1982 fertigte Walter Treser, ehemals Leiter von Audi Sport und verantwortlich für die Werks- Rallyeeinsätze der Ingolstädter, in Eigenregie individualisierte Versionen vor allem von Audi-Fahrzeugen. Erster Höhepunkt seines Schaffens war ein Quattro-Coupé mit elektrisch versenkbarem Hardtop, das – leider einige Jahre vor der Zeit – die Gattung moderner Klapphardtop-Automobile begründete. Trotz großen Medienechos wurden von dem auf der IAA in Frankfurt 1983 erstmals der Öffentlichkeit gezeigten quattro roadster nur ganz wenige Fahrzeuge gebaut – unter dem Markennamen Treser.

Baujahr	1987-1989
Motor-Bauart	Vierzylinder (Reihe)
Hubraum (cm³)	1781
Leistung (PS/U/min)	129 bei 5800
Vmax in (km/h)	210
Bauart	Coupé/Cabrio

Treser TR1

Mit der kompletten Eigenentwicklung TR1 trieb Walter Treser 1987 das Thema versenkbares Hardtopdach auf die Spitze. Der Mittelmotor-Roadster war mit Hilfe von VW-Golf-Komponenten (Vorderachse, 1,8-Liter-16V-Motor) aufgebaut worden und verfügte über eine aufwendige Chassisgestaltung aus Aluprofilen, auf die sämtliche Karosserieteile aufgeklebt wurden. Großes hatte Treser mit dem TR1 vor: Sogar eine Rennserie war in Planung. Von den 400 vorbestellten Exemplaren kamen letztlich aber nur 27 an die Kunden. Dann ging Treser die finanzielle Luft aus.

Baujahr	1950-1952
Motor-Bauart	Zweizylinder (Boxer)
Hubraum (cm³)	744
Leistung (PS/U/min)	32 bei 5000
Vmax in (km/h)	115
Bauart	Cabriolet

Dyna-Veritas

Das Kleinwagen-Konzept des Veritas-Gründers Ernst Loof war nicht weniger intelligent und exotisch als seine großen Sport- und Rennwagen. Ausgerüstet mit dem berühmten, nur 750 cm³ großen Panhard-Zweizylinder-Boxermotor aus Frankreich und einer bildschönen Karosserie von Baur in Stuttgart, sollte der Dyna-Veritas das Überleben der Marke sichern – was leider nicht gelang. Schon nach 170 Exemplaren war Schluss, aber zu diesem Zeitpunkt hatte Loof schon längst das Handtuch werfen müssen, und die Produktion des Dyna-Veritas war an eine andere Firma übergegangen.

Veritas Saturn, Scorpion, Comet und Comet S

Baujahr	1950
Motor-Bauart	Sechszylinder (Reihe)
Hubraum (cm³)	1988
Leistung (PS/U/min)	100 bei 5000
Vmax in (km/h)	165
Bauart	Coupé, Cabriolet

Nicht nur hochgezüchtete Rennsportwagen hatten es Ernst Loof angetan, auch für den normalen Straßenbetrieb stellte er, wenn auch in geringster Stückzahl, edle Sportcoupés und Cabriolets her. Auch hier stammte die technische Basis von den BMW-Vorkriegssportwagen. Individuell gestaltete Karosserien verliehen den Veritas-Fahrzeugen ein charakteristisches Erscheinungsbild. Allerdings konnte sich kaum fünf Jahre nach Kriegsende kaum einer Loofs exquisite Straßenmodelle leisten.

Veritas RS III

Baujahr	seit 2009
Motor-Bauart	V10
Hubraum (cm³)	4999
Leistung (PS/U/min)	507 bei 7750
Vmax in (km/h)	347
Bauart	Roadster

Nur auf Bestellung und auf 30 Exemplare limitiert wird dieser Supersportwagen seit 2009 am Nürburgring in Handarbeit gefertigt. Unter dem wieder erweckten legendären Markennamen Veritas zeigt der Rennsport-Roadster hochentwickelte Technik: Ein Gitterrohrrahmen mit Kohlefaserkarosserie, ein V10-Zylinder von BMW samt 7-Gang-Direktschaltgetriebe und nur knapp 1100 kg Gewicht resultieren in Fahrleistungen der absoluten Spitzenklasse. Auch die spektakuläre Optik des RS III lässt keine Fragen offen – die Philosophie der klassischen Veritas-Fahrzeuge erscheint hier perfekt in die Gegenwart übertragen worden zu sein.

VOLKSWAGEN

VW Karmann-Ghia Coupé und Cabrio (Typ 14)

Baujahr	1955-1974
Motor-Bauart	Vierzylinder (Boxer)
Hubraum (cm³)	1192, 1285, 1493, 1584
Leistung (PS/U/min)	30 bei 3400 bis 50 bei 4000
Vmax in (km/h)	118 bis 140
Bauart	Coupé, Cabriolet

Sportliche Linienführung mit anspruchsloser Serientechnik zu kombinieren, war im Falle des Karmann-Ghia eine ausgesprochen erfolgreiche Idee. Vom italienischen Karosserieschneider Ghia gezeichnet und bei Karmann gebaut, bekam der etwas speziellere VW-Kunde mit dem Coupé, was er wollte: schicke Optik und ein verlässliches Technikpaket. Nicht zuletzt die autofahrende Damenwelt mochte den Sport-VW, der es als Coupé und Cabrio in fast 20 Produktionsjahren auf rund 450.000 gebaute Exemplare brachte.

VW Karmann-Ghia Coupé (Typ 34)

Baujahr	1961-1969
Motor-Bauart	Vierzylinder (Boxer)
Hubraum (cm³)	1493, 1584
Leistung (PS/U/min)	45 bei 3800 bis 54 bei 4000
Vmax in (km/h)	135 bis 150
Bauart	Coupé

Ein weiteres Beispiel dafür, dass sich gute Ideen nicht beliebig kopieren lassen, ist der „große" Karmann-Ghia. Auf Basis der Heckmotor-Limousinen vom Typ 1500 bzw. 1600 spekulierte man in Wolfsburg auf einen ähnlichen Verkaufsrenner wie ihn der kleine Karmann-Ghia darstellte. Ghias zweiter Design-Versuch ähnelte womöglich der biederen Ponton-Limousine zu sehr und die großen Boxer-Vierzylinder rissen mit ihren beträchtlichen Benzinverbräuchen auch niemanden vom Stuhl. Das Ergebnis: Nicht einmal 43.000 Exemplare des „Typ 34" wurden in acht Produktionsjahren hergestellt.

VW Scirocco (I)

Baujahr	1974-1981
Motor-Bauart	Vierzylinder (Reihe)
Hubraum (cm³)	1093, 1272, 1457, 1471, 1588
Leistung (PS/U/min)	50 bei 6000 bis 110 bei 6100
Vmax in (km/h)	145 bis 190
Bauart	Coupé

VWs sportlicher 2+2-Sitzer trug seinen Teil dazu bei, die Strukturkrise zu überwinden, die Anfang der 70er Jahre durch die Käfer-Monokultur in Wolfsburg tobte. Aber nicht nur das – er setzte auch die bieder konstruierten Konkurrenten von Opel und Ford unter enormen Wettbewerbsdruck. Kein Wunder, denn die technische Basis des Golf etablierte den Scirocco unter den weltweit modernsten Großserien-Coupés. Dass dessen Fahrleistungen sehr wohl das Prädikat sportlich verdienten war auch hier dem sensationellen 1,6-Liter-Einspritzaggregat zu verdanken, das für eine Spitze von rund 190 km/h sorgte.

VW Scirocco (II)

Baujahr	1982-1992
Motor-Bauart	Vierzylinder (Reihe)
Hubraum (cm³)	1272 bis 1761
Leistung (PS/U/min)	60 bei 5600 bis 139 bei 6100
Vmax in (km/h)	160 bis 205
Bauart	Coupé

Volkswagen hatte mit dem 1974 erschienenen Scirocco I großen Erfolg gehabt. Die nächste Modellgeneration, der 1991 eingeführte Scirocco II, sollte daran anknüpfen. Die Forderungen an das neue Modell waren klar: Es sollte mehr Platz für Insassen und Gepäck bieten und dank strömungsoptimierter Karosserie günstiger im Verbrauch sein. Beide Vorgaben wurden vom Scirocco II erfüllt, obwohl die meisten Technikkomponenten von seinem Vorgängermodell stammten. Eine bemerkenswerte Neuheit war 1985 der eigene 16-Ventil-Motor mit zunächst 139 und später 129 abgasgereinigten PS, der glänzende Fahrleistungen ermöglichte. Zahlreiche Modellpflegemaßnahmen und Sondermodell-Editionen hielten das Kundeninteresse bis zum Produktionsende im Herbst 1992 wach.

VW Scirocco (III)

Baujahr	seit 2008
Motor-Bauart	Vierzylinder (Reihe)
Hubraum (cm³)	1390, 1968, 1984
Leistung (PS/U/min)	122 bei 5000 bis 265 bei 6000
Vmax in (km/h)	200 bis 250
Bauart	Coupé

Seit Sommer 2008 befindet sich der Klassiker VW Scirocco wieder in der Modellpalette der Wolfsburger. Basierend auf dem Golf V ist der 2+2-sitzige Familiensportwagen ausschließlich mit Vierzylinder-Turbomotoren im Leistungsspektrum zwischen 122 und 265 PS erhältlich. Alle Tugenden der Golf-Baureihe sind natürlich auch dem Scirocco zu Eigen, abgesehen vom Platzangebot. Zudem wird er von Volkswagen Motorsport unter der Bezeichnung Scirocco GT24 sporadisch bei Langstreckenrennen eingesetzt, wobei gerne auch experimentelle Technologien (z.B. Erdgasantrieb) genutzt und erprobt werden.

Baujahr	1988-1995
Motor-Bauart	Vierzylinder (Reihe), VR6
Hubraum (cm³)	1781 bis 2861
Leistung (PS/U/min)	139 bei 6300 bis 190 bei 5800
Vmax in (km/h)	205 bis 235
Bauart	Coupé

VW Corrado

Eigentlich als Nachfolger für den Scirocco II gedacht, fand der 1988 präsentierte Corrado in der VW Typenhierarchie seinen Platz oberhalb des traditionellen Sportcoupés. In seiner äußeren Erscheinung war er mit seiner knappen, kompakt gezeichneten Karosserie sehr viel näher am Ur-Scirocco. Ebenso bot er weniger Platz als der Scirocco II – dafür aber eine wesentlich interessantere Motorenpalette, die ihn in jedem Fall zu guten bis ausgezeichneten Fahrleistungen beflügelte. Der „Edel-Scirocco" war auf dem deutschen Markt mit der 2-Liter-16V-Maschine, dem aufgeladenen 1,8-Liter-G60-Motor mit 160 PS und als Krönung dem auf 190 PS leistungsgesteigerten VR6-Triebwerk mit 2,9 Litern Hubraum zu haben. Mit letzterer Ausstattung stieß er in Fahrleistungsbereiche eines Porsche 944 S2 vor. Heute ist der Corrado unter eingefleischten VW-Fans eine echte Ikone der Marke.

VW Polo G40

Baujahr	1990-1994
Motor-Bauart	Vierzylinder (Reihe)
Hubraum (cm³)	1272
Leistung (PS/U/min)	115 bei 6000
Vmax in (km/h)	195
Bauart	Coupé

1985 kam der Power-Polo erstmals auf den Markt und sorgte für einiges Aufsehen: 115 PS aus einem aufgeladenen 1,3-Liter-Motor in der kompakten Hülle des Polo Coupés waren seinerzeit eine klare Ansage. Kernelement der Leistungssteigerung war der innovative G-Lader mit Kompressor ähnlicher Funktionsweise. Der sorgte für eine Menge Prestige aber auch einige Probleme beim Thema Haltbarkeit. Sportwagenmäßige Fahrleistungen – zumindest nach dem Maßstab der Mittachtziger – sicherte er dem Champion der Kompaktklasse jedoch allemal.

VW Golf GTI (I)

Baujahr	1975-1983
Motor-Bauart	Vierzylinder (Reihe)
Hubraum (cm³)	1588, 1781
Leistung (PS/U/min)	110 bei 6100 bis 112 bei 5800
Vmax in (km/h)	183 bis 187
Bauart	Limousine (2-türig)

Der Golf GTI war Trendsetter einer ganz neuen Fahrzeugkategorie, nämlich jener der sportlichen Kompaktautos zum günstigen Preis. Hauptverantwortlich für den Erfolg speziell des GTI war natürlich sein 110-PS-Einspritzmotor mit 1,6 Litern Hubraum. Dessen Spritzigkeit gepaart mit geringem Verbrauch setzten in den 80er Jahren neue Maßstäbe. Schon seit Jahren haben die leichtgewichtigen GTI der ersten Serie mit den kleinen Stoßstangen einen Status als echte Automobilklassiker.

Baujahr	1990-1991
Motor-Bauart	Vierzylinder (Reihe)
Hubraum (cm³)	1781
Leistung (PS/U/min)	160 bei 5800
Vmax in (km/h)	210
Bauart	Limousine (2-türig)

VW Golf GTI G60 (II)

Im Jahr 1990 weitete Volkswagen das Angebot von G-Lader-Motoren auch auf den klassischen GTI aus. Als Spitzenmotorisierung kam hier der G60 mit 1,8 Litern Hubraum und 160 PS zum Einsatz – ein Leistungszuwachs gegenüber dem normalen GTI 16V von 31 PS. Noch besser konnte es der ein Jahr zuvor in nur 71 limitierten Exemplaren hergestellte G60 Limited, der 210 PS bereitstellte und mit absoluter Komplettausstattung aufwartete. 1991 endete dann der Wolfsburger Flirt mit dem G-Lader.

Baujahr	1989-1991
Motor-Bauart	Vierzylinder (Reihe)
Hubraum (cm³)	1763
Leistung (PS/U/min)	160 bei 5600
Vmax in (km/h)	210
Bauart	Limousine (2-türig)

VW Rallye Golf (II)

Der Golf bekam Ende der achtziger Jahre ernsthafte motorsportliche Ambitionen. Mit einem von 1989 bis 1991 in nur 5000 Exemplaren gebauten Sondermodell namens Rallye Golf sollte sportlicher Lorbeer vor allem auf Rallyepfaden errungen werden. Die technischen Voraussetzungen dafür waren zweifellos gegeben. Der Rallye Golf verfügte über den 160 PS starken aufgeladenen G60-Motor des Corrado, permanenten Allradantrieb und bauchige Kotflügelverbreiterungen für die Verwendung breiter Räder. Schlagzeilenträchtige Erfolge im großen Rallyesport blieben jedoch Mangelware. Viele Rallye Golf landeten aber in den Händen von Automobilliebhabern, die sie bis heute hegen und pflegen.

VW Golf VR6 (III)

Einen eher unerwarteten Schritt taten 1992 die VW-Ingenieure: Sie verpflanzten einen Sechszylindermotor in den kompakten Multimillionenseller Golf, der seit 1991 in der dritten Modellgeneration angelangt war. Bei dem 2,8 und später 2,9 Liter großen V-Motor handelte es sich um eine ungewöhnliche Konstruktion mit extrem engem Zylinderwinkel und einem gemeinsamen Zylinderkopf für beide Zylinderbänke. Das sparte eine Menge Einbauraum. Der zunächst auf den Markt gekommene 2,8-Liter-VR6 leistete 174 PS und war nur mit Fronantrieb erhältlich. Die 1994 hinzukommende 2,9-Liter-Version brachte 190 PS und war ausschließlich mit Allradantrieb verfügbar.

Baujahr	1992-1997
Motor-Bauart	V6
Hubraum (cm³)	2792, 2861
Leistung (PS/U/min)	174 bei 5800 bis 190 bei 5800
Vmax in (km/h)	220
Bauart	Limousine (2-türig), Limousine (4-türig)

Baujahr	1999-2003
Motor-Bauart	V6
Hubraum (cm³)	2792
Leistung (PS/U/min)	204 bei 6000
Vmax in (km/h)	230
Bauart	Limousine (2-türig), Limousine (4-türig)

VW Golf V6 4MOTION (IV)

Nach Ankunft der vierten Generation des Golf im Jahr 1997 dauerte es noch zwei Jahre, bis wieder eine Sechszylinderversion angeboten wurde. Man beschränkte sich zunächst auf die 2,8-Liter-Variante, die jedoch nun mit einem Vierventilzylinderkopf ausgestattet war. Neben günstigerem Abgasverhalten ergab sich auch eine Leistungssteigerung auf 204 PS, die den Golf zu einem äußerst souveränen Langstreckenfahrzeug machten. Aus Marketinggründen hatten sich die Wolfsburger übrigens dazu entschlossen, von der vormaligen Bezeichnung VR6 abzugehen und den topmotorisierten Golf nun schlicht V6 zu nennen.

VW Golf R32 (IV)

2002 toppt Volkswagen das bisherige sportliche Spitzenmodell GTI mit einem R32 genannten Sechszylinderrenner mit serienmäßigem Allradantrieb 4MOTION. Der bekannte V6 war auf 3,2 Liter vergrößert worden und stellte nun satte 241 PS bereit. Ursprünglich war geplant, diese spezielle Version auf nur 5000 Exemplare zu limitieren, aber der spontane Erfolg des besonders sportlich aufgemachten Super-Golf führte am Ende zur regulären Weiterführung der Produktion. Innovations-Highlight war das auf Wunsch erstmals lieferbare Sechsgang-Doppelkupplungsgetriebe, das auf mechanischem Weg ein kupplungsfreies Schalten ohne Zugkraftunterbrechung ermöglichte.

Baujahr	2002-2003
Motor-Bauart	V6
Hubraum (cm³)	3189
Leistung (PS/U/min)	241 bei 6250
Vmax in (km/h)	240
Bauart	Limousine (2-türig)

Baujahr	2005-2008
Motor-Bauart	V6
Hubraum (cm³)	3189
Leistung (PS/U/min)	250 bei 6300
Vmax in (km/h)	240
Bauart	Limousine (2-türig)

VW Golf R32 (V)

Der Erfolg der Erstausgabe des R32 veranlasste Volkswagen dazu, diese Modellvariante auch in der fünften Golf-Generation anzubieten. Ab 2005 stand der neue R32 mit auf 250 PS gestiegener Leistung und wiederum Allradantrieb in den Verkaufsräumen. Mit einem durch die hochspezifizierte Technik und Vollausstattung bedingten Fahrzeuggewicht von fast 1600 kg war diese Leistungsspritze auch notwendig um weiterhin die Fahrwerte ernstzunehmender Sportwagen zu erreichen. Nach wie vor war der R32 gegen Aufpreis mit dem exzellenten DSG-Getriebe zu bekommen.

Baujahr	seit 2009
Motor-Bauart	Vierzylinder (Reihe)
Hubraum (cm³)	1984
Leistung (PS/U/min)	270 bei 6000
Vmax in (km/h)	250
Bauart	Limousine (2-türig), Limousine (4-türig)

VW Golf R (VI)

Mit der sechsten Generation des Golf ordnete Volkswagen die Palette der sportlichen Spitzenmodelle neu. Der Sechszylindermotor wurde nicht zuletzt wegen seines Verbrauchsnachteils und des auf der Vorderachse lastenden Zusatzgewichts in Rente geschickt. Basismotor war nun jeweils der Zweiliter-Vierzylinder mit Turbolader, der in drei Leistungsstufen angeboten wurde. Im Topmodell, das nur noch R hieß, kam dieses Triebwerk auf 270 PS. Es machte diesen Golf merklich agiler und noch etwas schneller als seinen sechszylindrigen Vorgänger.

GTI
D WOB VW 14

VW Golf GTI (VI)

Nachgeschärft präsentierte sich im Frühjahr auch der GTI der aktuellen sechsten Golf-Generation. Mit nunmehr 211 PS und nach wie vor serienmäßigem Frontantrieb bietet er noch einmal bessere Fahrleistungen als sein Vorgänger. Vor allem aber gelang es Volkswagen mit den neuesten High-tech-Turbomotoren, den vormals üblichen Benzindurst solcher Triebwerke im Zaum zu halten. Nach wie vor bildet der GTI in der Klasse leistungsstarker Kompaktsportler die Messlatte für die Konkurrenz. Ein Sondermodell namens Edition 35 mit 235 PS und individueller Ausstattung kam im Sommer 2011 auf den Markt – zur Feier des 35. GTI-Geburtstags.

Baujahr	seit 2009
Motor-Bauart	Vierzylinder (Reihe)
Hubraum (cm³)	1984
Leistung (PS/U/min)	211 bei 6300
Vmax in (km/h)	240
Bauart	Limousine (2-türig), Limousine (4-türig)

Baujahr	1969-1975
Motor-Bauart	Vierzylinder (Boxer)
Hubraum (cm³)	1679, 1795, 1971
Leistung (PS/U/min)	80 bei 4900 bis 100 bei 5000
Vmax in (km/h)	170 bis 190
Bauart	Coupé (Dachteil entfernbar)

VW-Porsche 914, 914 1.7, 914 1.8, 914 2.0

Eigentlich eine bestechende Idee, den Klang des Namens Porsche, ein modernes Mittelmotorkonzept und preiswerte VW-Motorisierung miteinander zu kombinieren und so den Sportwagenmarkt im Sturm zu nehmen. Leider passte dies alles nicht wirklich gut zusammen: Die Karosserieform war Geschmackssache, aus dem VW-Porsche wurde schnell der bespöttelte „Vopo" und der kompromisslose Zweisitzer bot zwar hervorragende Fahreigenschaften, aber sehr wenig Nutzwert im Alltagseinsatz.

VW-Porsche 914/6

Selbst mit reiner Porsche-Mechanik versehen, nämlich dem 110 PS starken Sechszylinder aus dem 911 T, wurde der 914 als 914/6 ein Flopp. Fahrdynamisch und akustisch konnte er dem alten Elfer zwar mindestens Paroli bieten, aber die Belastung durch das wenig attraktive VW-Image sowie der stattliche Verkaufspreis machten aus ihm ein echtes Individualistenauto.

Baujahr	1969-1972
Motor-Bauart	Sechszylinder (Boxer)
Hubraum (cm³)	1991
Leistung (PS/U/min)	110 bei 5800
Vmax in (km/h)	201
Bauart	Coupé (Dachteil entfernbar)

Baujahr	seit 2001
Motor-Bauart	Sechszylinder (Reihe)
Hubraum (cm³)	3246
Leistung (PS/U/min)	343 bei 7900
Vmax in (km/h)	255
Bauart	Roadster

Wiesmann Roadster MF3

Die zunächst im Zubehörbereich tätige Firma Wiesmann aus Westfalen fertigt seit 1993 mit Bedacht und sehr nachhaltig eine grandiose Fahrmaschine, die mit attraktiver Roadster-Optik traditionellen Zuschnitts, Technikkomponenten von BMW und hochwertiger Handarbeit eine inzwischen nicht mehr ganz kleine Liebhaberschar um sich versammelt hat. In der aktuellen Modellpalette bildet der seit 2001 produzierte MF3 die Basis. Er ist mit dem Reihensechszylinder des BMW M3 ausgestattet, der 343 PS leistet und den leichtgewichtigen Roadster mit Kunststoffkarosserie zu exzellenten Fahrleistungen treibt.

Baujahr	seit 2009
Motor-Bauart	V8
Hubraum (cm³)	3999, 4395
Leistung (PS/U/min)	407 bei 6400 bis 420 bei 8300
Vmax in (km/h)	290 bis 295
Bauart	Roadster

Wiesmann Roadster MF4

Nächste Ausbaustufe im Wiesmann-Programm ist der MF4, der auf gleicher Grundlage mittels eines Vierliter-V8-Twin-Turbo-Motors von BMW leistungsmäßig noch einmal ordentlich draufsattelt: 407 bzw. in der S-Version 420 PS stehen hier zu Buche, bei nur geringfügig erhöhtem Fahrzeuggewicht. Zum Glück ist bei allen Wiesmann Roadstern ein exzellent auf die extremen Leistungen abgestimmtes Fahrwerk vorhanden, das es möglich macht, den gebotenen Fahrspaß optimal zu genießen.

Wiesmann Roadster MF5

Mit einer möglichen Höchstgeschwindigkeit von lt. Hersteller 311 km/h markiert der MF5 die Spitze der Wiesmann-Modellpalette und einen der weltweit schnellsten Roadster überhaupt. Der 4,4 Liter große, auch im brandneuen M5 zum Einsatz kommende TwinScroll Twin-Turbo-V8 von BMW – wie üblich als Front-Mittelmotor platziert – setzt kaum vorstellbare 555 PS frei, die den nur etwas über 1400 kg wiegenden Wiesmann MF5 zu einer wahrhaftigen Rakete auf vier Rädern machen. Ein deutscher Weltklasse-Sportwagen für Kenner und Könner.

Baujahr	seit 2009
Motor-Bauart	V8
Hubraum (cm³)	4395
Leistung (PS/U/min)	555 bei 6250
Vmax in (km/h)	311
Bauart	Roadster

Wiesmann GT MF4

Baujahr	seit 2003
Motor-Bauart	V8
Hubraum (cm³)	3999, 4395, 4799
Leistung (PS/U/min)	367 bei 6200 bis 420 bei 8300
Vmax in (km/h)	280 bis 293
Bauart	Coupé

Seit 2003 ergänzt Wiesmann sein Angebot durch ein Coupé namens GT, das zwar kaum mehr Platz bietet, aber durch den höheren Grundkomfort eines geschlossenen Fahrzeugs einen neuen Kundenkreis anspricht. Ausgerüstet werden die Coupés nur mit den V8-Motoren von BMW. Der GT MF4 verfügt in seiner aktuellen Version über das gleiche 407 PS starke Twin-Turbo-Triebwerk wie der Roadster und fast dieselben Fahrleistungswerte, da das Mehrgewicht der Coupé-Karosserie aus Kunststoff durch einen neuen, erheblich leichteren Aluminiumrahmen kompensiert wird. Gleiches gilt für den 420 PS starken, besonders sportlich aufgemachten MF4-S mit ausfahrbarem Heckspoiler.

Wiesmann GT MF5

Auch im derzeit erhältlichen Coupé ist der ganz neue 4,4-Liter-TwinScroll Twin-Turbo-V8, der den aktuellen BMW M5 befeuert, das Spitzentriebwerk. Im aggressiven Sportlook gehalten macht die Optik des Wiesmann jedes der 555 vorhandenen PS absolut glaubwürdig. Die angegebenen Fahrleistungswerte mit einer Spitze von 311 km/h unterscheiden sich nicht von denen des Roadsters obwohl das Coupé über eine günstigere Aerodynamik verfügen dürfte. Wiesmann zeigt mit seinen Fahrzeugen, dass man mit seriös gemachten, hochwertigen und optimal positionierten Produkten in einem der schwierigsten Märkte überhaupt sehr wohl überleben kann.

Baujahr	seit 2007
Motor-Bauart	V8, V10
Hubraum (cm³)	4395, 4999
Leistung (PS/U/min)	507 bei 7750 bis 555 bei 6250
Vmax in (km/h)	300 bis 311
Bauart	Coupé

13-32-
683

13-33-

M PB 327 H
M TW 5518H

M UH 4621
M XX 635
M BX 4717

Fotonachweis

Audi AG/Audi Tradition: 6, 20-48, 91, 161, 254-255
Alpina: 10-17
BMW AG: 6, 50-53, 56, 57, 59, 60-81, 83-88, 252-253
Ford: 96-107,
GM: 7, 162-179
Jürgen Schlegelmilch: 8-9, 18-19, 54-55, 58, 82, 89, 90, 94, 95, 96, 108-111, 113, 114, 127, 133, 187, 189, 222
Mercedes-Benz AG Konzernarchiv: 7, 118-126, 128-132, 134-160
Porsche AG: 6, 180-188, 190-221, 238-239
VW Volkswagen AG: 224-237
Andreas Beyer: 92-93
Irmscher: 116
Melkus: 117
Wiesmann: 240-246
Veritas: 223

Danksagung

Mit herzlichem Dank an Jürgen Schlegelmilch für seine große Unterstützung bei der Realisierung dieses Projekts.